甘肃省水生态调查评价

陈　文　程玉菲　王军德　金彦兆　胡想全　等著

黄河水利出版社

·郑州·

内 容 提 要

本书讲述了甘肃省水生态调查评价的目的意义、主要任务及技术要求,从河流、湖泊、湿地、地下水超采、河湖生态水量方面论述了现状及其存在的主要问题,分析了河川径流变化及河道断流(干涸)情况,划定了河流生态敏感区,提出了生态敏感区的保护措施。在对甘肃省水生态基本情况调研的基础上,分析评价了河流水生态、湖泊水生态、湿地水生态、地下水超采状况、河湖生态水量等。

本书可供从事水资源、水生态和水利相关行业的工程技术人员以及相关领域的研究人员阅读参考。

图书在版编目(CIP)数据

甘肃省水生态调查评价/陈文等著. -- 郑州 : 黄河水利出版社,2025.6. -- ISBN 978-7-5509-4123-6

Ⅰ. TV211.1

中国国家版本馆 CIP 数据核字第 20247MG159 号

组稿编辑:王路平　电话:0371-66022212　E-mail:hhslwlp@163.com

田丽萍　66025553　912810592@qq.com

责任编辑:杨　雪　责任校对:韩莹莹　封面设计:李思璇　责任监制:常红昕

出版发行:黄河水利出版社

地址:河南省郑州市顺河路 49 号　邮政编码:450003

网址:www.yrcp.com　E-mail:hhslcbs@126.com

发行部电话:0371-66020550、66028024

承印单位:广东虎彩云印刷有限公司

开本:890 mm×1 240 mm　1/32

印张:4

字数:120 千字

版次:2025 年 6 月第 1 版　印次:2025 年 6 月第 1 次印刷

定价:45.00 元

《甘肃省水生态调查评价》

撰写委员会

主　任　陈　文

副主任　程玉菲　王军德

委　员　金彦兆　胡想全　李计生　张　丽

　　　　孟彤彤　宋增芳　郑文燕　李　莉

前　言

FOREWORD

生态文明建设是中国特色社会主义事业的重要内容，关系人民福祉，关乎民族未来，事关“两个一百年”奋斗目标和中华民族伟大复兴中国梦的实现。党中央、国务院高度重视生态文明建设，先后出台了一系列重大决策部署，推动生态文明建设取得了重大进展和显著成效。2017年2月5日，《中共中央 国务院关于深入推进农业供给侧结构性改革 加快培育农业农村发展新动能的若干意见》（2017年中央一号文件）发布，“实施第三次全国水资源调查评价”是2017年中央一号文件明确的一项重要任务。根据《全国水资源调查评价任务书》（2017年3月，以下简称《任务书》），本次调查评价的内容主要包括水资源数量评价、水资源质量评价、水资源开发利用状况调查评价、污染物入河量调查分析、水生态状况调查评价以及水资源综合分析评价共6个专题。生态水量调查评价的范围主要是黄河干流（河口镇以上）、湟水、大通河、大夏河、洮河、渭河、泾河、北洛河（葫芦河）、白龙江、疏勒河、黑河和石羊河等12条河流的重点流域涉及的河湖水系及其主要控制节点和断面。

我国分别于20世纪80年代初、21世纪初，相继开展了两次全国水资源调查评价。鉴于当时全国水生态恶化状况趋势还不是很明显，所以，没有把水生态调查评价作为水资源调查评价的主要或者重点内容。2000年以来，与全国大多数地区一样，受自然和人为因素的双重影响，甘肃省相继出现了降水偏枯，地表水资源明显减少，水资源开发程度较高，严重挤占生态环境用水，水资源水环境处于超载状态，导致河湖萎缩、河道断流、植被退化、地下水位下降等一系列环境问题，严重影响了甘肃省水资源可持续利用和社会经济可持续发展。因此，把水生态状况作为水资源调查评价的主要内容之一，全面调查分析主要河流水系及其主要控制节点天然水文过程和实测水文过程的变化情况及其主要原因，调查分析主要河道断流、主要湖泊沼泽萎缩情况，分析河湖生态环境用水欠缺情况和主要原因，评价地下水超采现状，对甘肃省今后的水资源合理开发和高效利用具有重要的指导意义。

本书共分八章。第 1 章讲述了甘肃省水生态调查评价的目的意义、主要任务及技术要求等。第 2 章从河流、湖泊、湿地、地下水超采、河湖水系生态水量方面分析了各自现状及其存在的主要问题。第 3 章分析了河川径流变化及河道断流（干涸）情况，划定了河流生态敏感区，提出了生态敏感区的保护措施。第 4 章、第 5 章、第 6 章、第 7 章在对甘肃省水生态基本情况调研的基础上，分析评价了湖泊水生态、湿地水生态、地下水超采状况、河湖生态需水量等。

本书由陈文、程玉菲撰写提纲，程玉菲、王军德负责全书统稿、定稿。本书撰写分工为：前言（陈文、程玉菲），第 1 章（陈文、程玉菲、王军德），第 2 章（陈文、程玉菲），第 3 章（陈文、程玉菲、孟彤彤、宋增芳、李莉），第 4 章（程玉菲、李莉），第 5 章（程玉菲、郑文燕），第 6 章（陈文、程玉菲、李计生、张丽），第 7 章（程玉菲、金彦兆），第 8 章（陈文、程玉菲、胡想全）。

本次水生态调查评价工作得到了甘肃省水文水资源中心和各市（州）、县（区）水利部门的大力支持和帮助，在此一并表示感谢！本书相关成果仅反映了甘肃省第三次水资源调查评价时期的状况，未能涵盖新时代最新进展，请各位读者见谅！

本书得到了甘肃省重点人才项目“甘肃尕海湿地生态系统水旱灾害监测及防控技术”的支撑，在此表示感谢！

由于作者水平有限，书中不妥之处在所难免，敬请读者朋友批评指正。

作　者

2025 年 3 月

目 录

CONTENT

第 1 章

概 述

1.1 目的意义

水是生存之本、文明之源、生态之基,既不可或缺又无以替代。水资源是基础性自然资源、战略性经济资源,是生态环境的重要控制性要素,也是一个国家综合国力的重要组成部分。水资源调查评价是对一个地区或流域水资源数量、质量及其时空分布特征、开发利用状况和供需发展趋势进行调查与分析评价,制定水资源规划、落实最严格水资源管理制度和水资源刚性约束制度的基础,是水资源开发、利用、节约、保护、管理的前提,是制定流域和区域社会经济发展规划的重要依据。

我国分别于20世纪80年代初、21世纪初,相继开展了两次全国范围的水资源调查评价,对水资源总体状况、存在问题与演变规律进行了系统调查评价,基本摸清了水资源家底。调查评价成果在科学制定水资源规划、实施重大工程建设、强化水资源调度与管理、优化经济结构和产业布局等方面发挥了重要基础性作用。

随着全球气候变化的加剧、土地利用和城镇化建设等对下垫面的剧烈改变以及水土资源开发利用的影响,我国的水循环及水文过程发生了显著变化,水资源形势和水安全状况更趋严峻,水资源短缺、水灾害频繁、水生态损害、水环境污染等问题愈加突出。为及时掌握我国水资源情势出现的新变化,解决新问题,应对新需求,系统评价水资源及其开发利用状况,摸清水资源消耗、水环境损害、水生态退化等情况,适应新时期经济社会发展和生态文明建设对加强水资源管理的需要,在全国范围内开展新一轮水资源调查评价迫在眉睫。2017年2月5日,《中共中央 国务院关于深入推进农业供给侧结构性改革 加快培育农业农村发展新动能的若干意见》(2017年中央一号文件)发布,“实施第三次全国水资源调查评价”是2017年中央一号文件明确的一项重要任务;4月19日,水利部在北京召开了第三次全国水资源调查评价工作启动视频会议,全面部署了第三次全国水资源调查评价工作;8月8日,甘肃省全面启动了第三次水资源调查评价工作。2020年,全面完成第三次水资源调查评价工作。

水生态调查评价是水资源调查评价的主要内容之一。近年来,受气候变化和人类活动的影响,甘肃省的水资源情势发生了重大变化,不仅存在水资源整体短缺、部分河流过度开发和个别环节利用效率不高等问题,更重要的是甘肃省水生态状况明显退化,集中表现为河川径流明显减少、河道断流、重要湖泊沼泽萎缩、地下水超采等,严重影响了甘肃省水资源可持续利用和社会经济可持续发展。发展生态水利,保护河流水生态,是生态文明的必要基础和重要标志,对于强化生态之基、促进人水和谐、实现科学发展具有不可替代的重要作用。因此,系统开展全省水生态调查评价,对保护河流水生态、发展生态水利、实现水资源可持续利用意义深远而重大。

1.2 主要任务

水生态状况调查评价主要调查河湖和地下水生态状况,分析评价河湖生态用水保障情况和地下水超采情况。具体任务主要包括河流水生态调查、湖泊湿地水生态调查、地下水超采状况调查、河湖生态需水量调查等。

1.2.1 河流水生态调查

分析主要河流水系及其主要控制节点天然水文过程及实测水文过程的变化情况及其主要原因;调查河道断流(干涸)情况及其原因;调查重点河流干流涉水生态敏感区;调查主要河流岸线开发利用情况;调查重点河流拦水建筑物。

1.2.2 湖泊湿地水生态调查

调查主要湖泊湿地变化和萎缩情况,分析湖泊湿地变化原因,分析河湖生态环境用水亏缺情况和主要原因。

1.2.3 地下水超采状况调查

在地下水超采区评价成果的基础上,补充调查近年来地下水监测数据、地下水超采区分布范围和面积、浅层地下水超采量、深层承压水开采量等资料，评价地下水超采现状。

1.2.4　河湖生态需水量调查

根据河湖水系自然和生态环境功能及特点，按照有关规划和规范要求，整理分析主要河湖水系及其主要控制节点和断面的生态需水目标；根据生态需水目标和河道内实际径流情况，评价河湖水系及其主要控制节点和断面的生态用水满足程度；根据生态用水满足程度评价结果，分析河湖水系生态水量变化原因及影响。

1.3　调查评价内容

水生态调查评价的工作内容主要包括河流水生态调查、湖泊湿地水生态调查、地下水超采状况调查和河湖生态需水量调查评价等。

1.3.1　河流水生态调查

通过分析河道内径流情势变化、河道断流情况、河流生态敏感区分布、河流水域岸线利用和河流纵向连通等情况，评价河流水生态状况及其变化原因。

1.3.2　湖泊湿地水生态调查

通过分析湖泊水位水量和面积变化、干涸情况，以及湖泊水域岸线利用等情况，评价湖泊湿地水生态状况及其变化原因。在分析湿地面积变化、萎缩情况的基础上，评价湖泊湿地水生态状况及其变化原因。

1.3.3　地下水超采状况调查

根据近年来地下水开发利用以及地下水位等资料，复核地下水超采区的范围、面积、超采量等指标，调查地下水超采引发的生态环境问题。

1.3.4 河湖生态需水量调查评价

根据河湖水系自然生态环境功能及特点,按照有关规划和规范要求,整理分析主要河湖水系及其主要控制节点和断面的生态需水目标;分析生态需水目标和河道内实际径流情况,评价河湖水系及其主要控制节点和断面的生态需水满足程度;基于生态需水满足程度评价结果,分析河湖水系生态水量变化原因及影响。

1.4 技术要求

1.4.1 河流水生态调查

(1)河道内径流情势变化分析。选择新中国成立以来,特别是近二三十年来水文情势变化较大的流域面积1 000 km^{2}及以上的河流,分析代表站1956—2016年河道内实测径流量在全年、汛期和非汛期的变化情况,并与其历史天然径流量和近期下垫面条件下的天然径流量进行比较,分析导致河道内径流情势变化的原因。

(2)河道断流(干涸)情况调查。对流域面积1 000 km^{2}及以上且天然情况下有水的河流,调查分析河道断流(干涸)情况。调查内容包括断流(干涸)年份、最长断流(干涸)长度、最大断流(干涸)天数等。河流断流(干涸)调查应充分利用第二次水资源调查评价等成果,季节性河流的天然断流期不纳入统计时段。

(3)河流生态敏感区调查。调查其生态敏感区,调查内容包括生态敏感区类型和生态敏感区河段长度。生态敏感区类型主要包括国家级、省级主体功能区规划中确定的“禁止开发区”内的河流(河段);全国重要江河湖泊水功能区划中确定的“保护区”和“饮用水源区”涉及的河段;国际和国家重要湿地、省级以上湿地公园、水产种质资源保护区内的河流(河段);已划定岸线功能区中的“岸线保护区”涉及的河段,以及其他具有重要水生态功能,或对维持河势稳定、维护湖泊形态稳定至关重要,应限制或禁止开发利用的河流(河段)等。

(4)主要河流岸线开发利用情况。水域岸线使用情况调查:对于已完成确权划界、明确水域岸线范围的河湖,可结合当前河流治理和保护实际工作及资料情况,填报水域岸线使用情况;对于水域岸线未划定、水事问题较为敏感的河湖,可采用已经开发利用的水域岸线长度占比等指标,评价水域岸线开发利用状况。

(5)河流纵向连通性调查。黄河流域河流纵向连通性调查范围为重点河流(干流),内容包括河流上水库、闸坝、电站、橡胶坝等。

1.4.2 湖泊湿地水生态调查

(1)湖泊水位水量变化情况调查。调查常年水面面积 1 km^2 及以上湖泊 1980—2000 年和 2001—2016 年两个时期的多年平均水位水量和出入湖水量变化情况。对未设置水位观测站的湖泊,通过全国湿地资源调查成果、实地走访、航片卫片解译等方式,确定相应变化情况。

(2)湖泊面积变化情况调查。调查常年水面面积 1 km^2 及以上湖泊 1980—2000 年和 2001—2016 年两个时期的水面面积变化情况。重点调查水面面积明显萎缩的湖泊并分析其萎缩原因。

(3)湖泊干涸情况调查。调查干涸前常年水面面积 1 km^2 及以上的湖泊(包括城市建设和围垦等活动导致干涸的湖泊)在 1956—2016 年的干涸情况,包括湖泊名称、干涸前面积、干涸时间或年代等情况;分析导致湖泊干涸的原因。

(4)湿地萎缩情况调查。调查退化前常年面积 1 km^2 及以上的沼泽湿地、洪泛平原湿地、三角洲湿地等 3 种天然陆域湿地在 1956—2016 年的萎缩情况,包括湿地名称、萎缩前面积、萎缩时间或年代等情况;分析导致湿地萎缩的主要原因。

1.4.3 地下水超采状况调查

(1)调查的地下水超采区为平原区的浅层地下水超采区和深层承压水超采区。

(2)在 2012—2014 年全省地下水超采区评价工作成果的基础上,根据近年来地下水开发利用以及地下水埋深等资料,对地下水超采区

范围、面积、超采量等进行复核。要求浅层地下水超采区可开采量采用本次评价成果，深层承压水开采量即为超采量。

(3)收集整理由于地下水不合理开采引发的地面沉降、地面塌陷、地裂缝、草原或绿洲退化、土地沙化、海(咸)水入侵等资料，分析地下水超采造成的生态环境问题。

1.4.4　河湖生态需水量调查

调查评价涉及的生态需水目标主要包括基本生态环境需水量和目标生态环境需水量。

(1)基本生态环境需水量。基本生态环境需水量是指维持河湖给定的生态环境保护目标对应的生态环境功能不丧失，需要保留在河道内的最小水量(流量、水位、水深)及其过程。基本生态环境需水量是河湖生态环境需水要求的底限值，包括生态基流、敏感期生态需水量、不同时段需水量和全年需水量等指标。其中，生态基流是其过程中的最小值，一般用月均流量(或水量)表征；敏感期生态需水量是维持河湖生态敏感对象正常功能的基本需水量及其需水过程；不同时段需水量可分为汛期、非汛期两个时段的需水量。

(2)目标生态环境需水量。目标生态环境需水量是指维持河湖给定的生态环境保护目标对应的生态环境功能正常发挥，需要保留在河道内的水量(流量、水位、水深)及其过程，包括不同时段需水量和全年需水量等指标。目标生态环境需水量是确定河湖地表水资源可利用量的控制指标。对于目前水资源开发利用程度较高，现状断流(干涸、萎缩)严重，水资源条件难以满足要求的河湖水系、河段、湖泊湿地，其目标生态环境需水量可适当降低，但原则上不应少于河湖水系地表水资源扣除地表水可利用量后的剩余部分。

(3)调查评价重点。基本生态环境需水量满足程度。

(4)生态水量的计量指标。河流控制节点和断面主要用流量、水量等指标，湖泊主要用水位、面积等指标，湿地根据其功能和保护要求选择水位、水量等指标，河湖水系主要用水量指标。

(5)水文系列要求。采用 1956—2016 年水文系列的天然径流量分析计算生态环境需水目标。对于近年来水资源情势变化较大的河湖水系及其主要控制节点和断面,还需根据1980—2016年水文系列天然径流量,分析计算其在新系列条件下的生态环境需水目标。

(6)生态用水满足程度评价要求。按照2007—2016年水文系列的实际径流量与生态环境需水目标比较,评价生态需水的满足程度。

1.5 技术路线

调查评价范围包括甘肃省黄河流域、内陆河流域和长江流域,总面积42.58万km^2。水资源分区按照全国统一的分区进行,流域与行政区域有机结合,保持行政区域和流域分区的统分性、组合性与完整性,并充分考虑水资源管理的要求,以水资源三级区套县级行政区为控制单元,在水资源分区评价成果的基础上,对重点河流水系提出单独的系统评价成果。

根据以往的水生态研究的相关文献,全面收集甘肃省有关生态敏感区、湿地、湖泊等方面资料,开展水生态状况调查评价,调查统计近年来水生态变化情况,分析评价生态用水亏缺和地下水超采状况,重点分析水生态系统演变。通过分析河道径流变化、河流断流、湖泊水位面积变化、河流岸线开发等情况,评价河流、湖泊的水生态变化;在全国地下水超采区评价成果基础上,根据近年来地下水开发利用以及地下水位等资料,对地下水超采区的范围、面积、超采量等进行复核;确定重点河流主要断面的生态需水量;分析水生态状况变化成因。技术路线见图1-1。

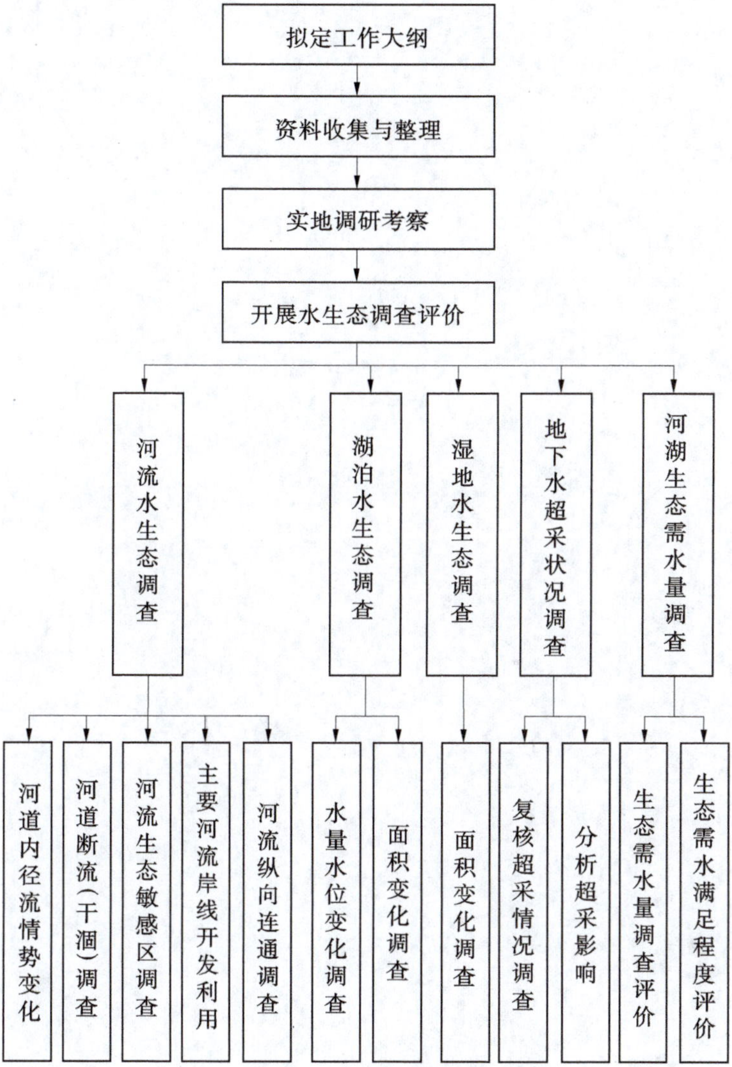
拟定工作大纲
资料收集与整理
实地调研考察
开展水生态调查评价
河流水生态调查
湖泊水生态调查
湿地水生态调查
地下水超采状况调查
河湖生态需水量调查
河道内径流情势变化
河道断流(干涸)调查
河流生态敏感区调查
主要河流岸线开发利用
河流纵向连通调查
水量水位变化调查
面积变化调查
面积变化调查
复核超采情况调查
分析超采影响
生态需水量调查评价
生态需水满足程度评价

图 1-1　技术路线

第2章

水生态基本情况

2.1 河流水生态现状

2.1.1 河流概况

甘肃省河流分属内陆河、黄河、长江三大流域，总面积 42.58 万 km^2，其中内陆河流域面积 24.48 万 km^2，黄河流域面积 14.27 万 km^2，长江流域面积 3.83 万 km^2。三大流域划分为 12 个水系，内陆河流域有疏勒河、苏干湖、黑河、石羊河 4 个水系，黄河流域有黄河干流（包括大夏河、庄浪河、祖厉河及其他流入黄河干流的小支流）、洮河、湟水、渭河、泾河及北洛河 6 个水系，长江流域有嘉陵江和汉江 2 个水系。全省年径流量大于 1 亿 m^3 的河流有 68 条，其中内陆河流域 14 条，黄河流域 28 条，长江流域 26 条。全省多年平均自产水资源总量 270.92 亿 m^3，其中地表水资源量 259.40 亿 m^3，地下水资源量 11.52 亿 m^3。入境水资源量 307.8 亿 m^3，出境水资源量 460.48 亿 m^3。

甘肃省流域面积 50~200 km^2 的河流 1 108 条，200~3 000 km^2 的河流 432 条，3 000 km^2 以上的河流 50 条；全省流域面积 50 km^2 及以上河流总长度 7.07 万 km（其中省内河长 5.58 万 km）；流域面积 100 km^2 及以上河流总长度 5.64 km（其中省内河长 4.19 km）。

2.1.2 河道内径流情势变化

降水和冰川融水是甘肃河流的主要补给来源，河道来水量随降水量和气温变化而变化，流量与降水过程基本响应，主要来水量集中在汛期。甘肃省径流区域分布总体特点是高山区径流量大，丘陵、平原、河谷地区径流量小；石山、林区径流量大，黄土高原地区径流量小。受气候环境影响，径流年内分配四季分明，冬季是河川径流的枯水季节，径流主要靠地下水补给，年内最小流量常出现在 1—2 月。4 月以后气温明显升高，流域积雪融化和河网储冰解冻形成春汛，流量明显增加。夏秋两季是流域内降水量较多而且集中的时期，也是产流量最大，易发生洪水的时期。

甘肃省三大流域径流情势变化特征为：黄河流域、长江流域主要河流控制站点实测和天然径流呈减少趋势，河西内陆河中黑河、疏勒河径流呈增加趋势，而石羊河略呈减少趋势。

2.1.3　河道断流(干涸)情况

甘肃省位于我国西北地区，深居内陆，降水稀少，气候干旱，蒸发量大于降水量，植被稀少，沙漠广布。降水是甘肃河流的主要补给来源，径流量随季节变化明显。夏季河流进入丰水期，但由于沿岸工农业生产、生活用水以及蒸发、渗漏等原因，愈向下游水量愈少，部分内陆区河流修建水库，形成时段性断流。冬季气温在0 ℃以下，冰雪难以消融，土壤冻结，河流失去补给源，继而季节性断流。

历史时期内，内陆河流域发生过断流的河流有石羊河干流、古浪河、西大河、黑河、疏勒河，断流时间集中在灌溉用水高峰期；黄河流域发生过断流的河流有4条，分别为庄浪河、渭河、葫芦河、泾河，断流时间集中在5—7月，主要由灌溉用水增加和降水减少造成；长江流域主要河流尚未发生断流。

2.1.4　河流生态敏感区

生态敏感区是指对人类生产、生活活动具有特殊敏感性或具有潜在自然灾害影响，极易受到人为的不当开发活动影响而产生生态负面效应的地区。河流生态敏感区由于流域大规模的开发，经济的快速发展加上全球气候的变化和人类活动的加剧，流域生态环境的负荷愈来愈重，流域生态环境的自我调节和恢复功能大幅下降，流域性生态安全问题日益严重。生态敏感区是最容易出现生态安全问题的地区，应合理安排各行业生产，协调好人与自然的关系，以期经济效益、社会效益和生态效益同步增长，社会经济发展与生态环境保护协同进步。

根据流域划分，甘肃省生态敏感区涉及西北诸河区3条河流，涉及河长889.5 km；黄河流域7条河流，涉及河长1 425.8 km；长江流域1条河流，涉及河长177.0 km。根据生态敏感区类型划分，甘肃省河流共涉及国家级自然和资源保护区9个，河段长度694.9 km；国家级森林公园和地质公园6个，河段长度315.9 km；国家级水产种质资源保护区4个，河段长度862 km；国家、省级重要水源保护区7个，河段长度458.3 km；省级自然保护区3个，河段长度161.2 km。

随着人口的增长及社会经济活动的加剧，人为与河争地破坏了鱼类栖息地及产卵场所，过量、无序捕捞时有发生，加之水质污染、气候变暖、干旱少雨、外来物种的生态入侵以及采矿等，一定程度上改变了鱼类栖息条件和生活规律，破坏了生态平衡和鱼类长期适应的生态环境，使水生野生动物生态环境遭到严重破坏，物种生存受到不同程度的威胁，许多物种处于濒临灭绝的危险境地。

2.1.5 河流水域岸线开发利用情况

甘肃省河流多属山溪性河流，大江大河较少，河流长度多数小于1 000 km，流域面积多数小于20 000 km^2，流域面积-长度相关关系较好。省内地形地貌复杂，山地丘陵区较多，河流平均比降较大。整体规律为流域面积越大，比降越小。内陆河流域和长江流域为山区丘陵区，地势落差大，河流比降较大；黄河流域泾河、渭河流域地区地势相对平坦，河流比降较小。

河流岸线不但具有行洪及维护河流生态环境的功能，而且具有开发利用的经济价值。岸线利用与经济社会发展状况、土地资源利用密切相关，对社会发展、河道行洪和水生态保护都具有重要作用。随着甘肃省经济社会的不断发展和城市化进程的加快，对河流岸线利用的要求越来越高，沿河开发活动和临水建筑物日益增多。受自然地理、地形地貌、水资源利用等因素影响，甘肃省沿河地带大部分经济发达、人口稠密、土地资源紧缺，河道两岸岸线利用程度较高。

2.2 湖泊湿地水生态

甘肃省特殊的地质、地形和气候、植被，为高原湖泊湿地、沼泽和草甸湿地、河流湿地的发育提供了得天独厚的条件。据第二次全国湿地资源调查统计，甘肃省共有湿地面积169.39万hm^2，全国排名第10

位，湿地面积占全省国土面积的 3.98%。按照成因划分，全省湿地分为自然湿地和人工湿地，其中：自然湿地 164.24 万 hm^2，占全省湿地面积的 96.96%；人工湿地 5.15 万 hm^2，占全省湿地面积的 3.04%。在自然湿地中，河流湿地面积 38.17 万 hm^2，占 23.24%；湖泊湿地面积 1.59 万 hm^2，占 0.97%；沼泽湿地面积 124.48 万 hm^2，占 75.79%。人工湿地主要包括库塘、输水渠、水产养殖场和盐田等。甘肃省湖泊较少，根据《甘肃省第一次全国水利普查成果》，甘肃省湖泊共有 9 个，其中：常年水面面积大于 1 km^2 及以上湖泊共计 7 个，分别为黄河流域的尕海湖、震湖，内陆河流域的苏干湖、小苏干湖、德勒诺儿、干海子、河西新湖；具有特殊意义的湖泊 2 个，分别为月牙泉和青土湖。

"十二五"期间，在中央、省级和地方财政支持下，甘肃省先后实施了甘肃张掖黑河流域中游湿地修复与治理二期工程、阿克塞大小苏干湖湿地保护工程、尕海-则岔湿地保护工程等一批湿地保护工程，抢救性地保护了一批重要湿地，系统改善了湿地自然保护区和湿地公园管护条件，提高了湿地保护管理能力，增强了公众对湿地生态的保护意识，发挥了显著的示范带动作用，有效地促进了甘肃省湿地保护事业的发展。但从全省来看，未列入保护范围的湿地仍然面临着较大威胁，不合理利用行为屡禁不止，湿地保护形势依然严峻。

河湖生态存在的主要问题是湿地开垦、泥沙淤积、水电开发、污染加剧等造成部分地区自然湿地面积缩减，河湖生态退化，湿地景观丧失，生物多样性衰退和生态功能下降。湿地过度利用、盐碱化加剧、生物侵害处于高发态势。甘南高原湿地面积萎缩，水源涵养和调蓄功能有所下降。河西内陆河干旱荒漠地区湿地面积减少，部分干涸，生态功能严重退化。长江流域湖泊面积无明显变化。

2.3　地下水超采状况

地下水是水资源的重要组成部分，是支撑经济社会发展的重要自然资源，是重要的供水水源和应急抗旱水源，也是维系良好生态环境的主要因素，对保障饮水安全、粮食安全和生态安全具有十分重要的意义。

甘肃省地下水大规模开发利用始于20世纪80年代，之后随着经济社会发展和地下水开采技术的不断成熟，开采量呈不断上升态势，在对社会经济用水形成有益补充的同时，也引起诸多环境和生态问题。在内陆河流域水资源利用中，由于水资源统一管理制度建设滞后，流域产业结构不够合理，因此普遍存在中上游地区争夺下游水资源，农业用水占比过大，挤占生态环境用水等现象，最终导致生态用水严重不足，河流水生态系统受到破坏，生态环境持续恶化。

内陆河流域，石羊河流域下游民勤防沙林带大片死亡，黑河流域下游大小居延海水域面积缩小，疏勒河流域党河水系区域地下水位下降、尾闾西湖水面萎缩等，很大程度上制约着区域生态和经济社会的可持续发展。

甘肃黄河流域，在人口密集、工农业集中的河谷区，地下水开采量较大，受蓄水构造和补排关系制约，地下水持续开采的潜力很小，如定西市、天水市的城区供水，地下水为其唯一水源，自2000年以来，随着城区用水量的不断增加，地下水位呈持续下降态势。近年来，由于工业、生活排污使城镇地下水受到不同程度的污染，水质已成为这些地区地下水供水的瓶颈，水质型水资源短缺问题日益凸显。

利用2001—2010年实测、调查资料，根据地下水超采区划分方法与标准，对全省地下水超采区进行划分。全省共划分出地下水超采区47个，超采面积16 395.21 km^2，禁采区1个，面积301.40 km^2。按严重程度划分，一般超采区43个，超采面积14 442.05 km^2，占总超采区面积的88.09%；严重超采区4个，超采面积1 953.16 km^2，占总超采区面积的11.91%。按超采面积大小划分，小型超采区14个，超采面积842.50 km^2，占总超采面积的5.14%；中型超采区30个，超采面积10 017.11 km^2，占总超采面积的61.10%；大型超采区3个，超采面积5 535.60 km^2，占总超采面积的33.76%。针对甘肃省地下水开采中存在的问题，先后编制和实施了《甘肃省地下水超采区治理方案》《甘肃省地下水开发利用与保护区划》等，通过替代水源工程建设与“关井压采”、涵养水源和强化管理等调控措施，使超采区地下水位逐渐回升，

地下水超采区面积逐年缩小,地下水资源得到合理利用和有效保护,实现了地下水资源的可持续利用,促进了经济社会的可持续发展。

2.4　河湖水系生态水量保障情况

甘肃省地处中国内陆腹地,地形复杂多样,气候干燥,雨量稀少,水资源匮乏,是全国最干旱的省份之一。全省水土流失严重,生态系统脆弱,已成为经济社会可持续发展的重要制约因素。

国内多位学者对甘肃省河湖水系生态水量进行了分析计算。黄河、长江流域所选河流河道内生态需水量计算,以河流水文测站为控制节点,计算维持河道一定功能的需水量。内陆河流河道内生态需水以维护河流下游湖泊、沼泽、湿地、天然植被不再萎缩或逐步恢复的需水量下泄为目标。河道外生态需水分天然植被生态需水和生态环境建设需水。内陆河流域生态需水须依靠除本地降水外的径流输入才能得到满足,而长江、黄河流域生态环境需水量依靠降水即可满足。

2016 年以来,以祁连山环保督察为契机,开展了全省水电站水资源论证复评工作,确定了电站最小下泄流量,电站安装了闸门限位桩、倒虹吸等最小流量下泄设施,全部实现了在线监控,并建立了省、市、县三级在线监控平台,为保护和修复河流生态环境奠定了基础。

2.5　存在问题

一是挤占河流、湖泊生态用水现象时有发生。受历史原因,甘肃省部分流域水资源开发利用程度较高,水资源承载能力已经突破了流域区域最大承载能力,不合理的生产需水引发了过度开发利用水资源,导致河流、湖泊生态需水被忽视,河流部分时段断流、湖泊面积萎缩乃至干涸的现象时有发生,河流湖泊生态系统遭到破坏。

二是水生态监测体系不够完善。对重点河段、湖泊的生态监测不同行业各有侧重,缺乏从水生态系统角度出发的系统、全面的生态监测体系建设,从而长期系列地开展河道断流、湖泊湿地水域面积变化情况等指标的监测工作。目前行业统计资料也未对河道断流、湖泊湿地进行统计，获取相关信息渠道不畅。

三是水域岸线的确权工作尚未全面开展，水域岸线的保护未能实施。岸线的开发利用管理涉及不同管理部门，部门之间、流域管理和行政区域管理之间缺乏有效的沟通、协调机制，对岸线的防洪、供水、航运、生态环境保护以及开发利用功能缺乏统筹，给河道湖泊岸线资源的利用管理带来了一定难度。

四是水生态修复科技支撑不足。甘肃省气候类型多样、地形地貌特征差异明显、人类活动强度差异较大，对河流湖泊的生态影响不同于其他地区，符合甘肃省河流湖泊的水生态相关基础理论和实用技术研发力度不足，相关成果难以满足甘肃省水生态保护与修复的实际需求。

第 3 章

河流水生态调查

3.1 河川径流变化情势

随着全球气候变化的加剧和人类活动加强的双重影响,河流水文情势发生了显著变化。近20年来,随着甘肃省社会经济的快速发展,城镇化建设的加速,退耕还林还草、大规模植树造林等使得区域下垫面条件发生了较大变化,局部地区产流汇流机制随之也发生了重大变化,导致河川天然径流不同程度地增加或者减少。甘肃省涉及黄河、长江和河西内陆河三大流域,其中甘肃省黄河流域、长江流域主要河流控制站点径流呈减少趋势,河西内陆河流域黑河、疏勒河径流呈增加趋势,而石羊河天然径流呈略减少趋势。

3.1.1 内陆河流域

甘肃省内陆河共3条主要河流,分别为疏勒河、黑河和石羊河。内陆河流域天然径流变化见表3-1。分析对比1956—2000年和2001—2016年两个水文系列,疏勒河和黑河天然径流呈增加趋势,石羊河天然径流呈略减少趋势。

疏勒河昌马堡断面天然径流多年平均变化见图3-1。疏勒河天然径流呈增加趋势,昌马堡断面1956—2016年多年平均天然径流量为9.91亿 m^3,1956—2000年多年平均天然径流量为8.71亿 m^3,2001—2016年多年平均天然径流量为13.30亿 m^3,较1956—2000年多年平均值增加了52.77%,汛期增加了50.36%,非汛期增加了62.79%。

黑河主要断面天然径流多年平均变化见图3-2。黑河上游祁连断面和扎马什克断面1956—2016年多年平均天然径流量分别为4.56亿 m^3、7.58亿 m^3,1956—2000年多年平均天然径流量分别为4.41亿 m^3、7.14亿 m^3,2001—2016年多年平均天然径流量分别为5.01亿 m^3、8.81亿 m^3,呈增加趋势,较1956—2000年平均值分别增加13.63%和23.38%。出山口莺落峡断面多年平均天然径流量为16.41亿 m^3,1956—2000年多年平均天然径流量为15.56亿 m^3,2001—2016年多年平均天然径流量为18.82亿 m^3,较1956—2000年平均值增加

了 20.96%，汛期增加了 19.75%，非汛期增加了 25.89%。

表 3-1　内陆河流域天然径流变化

河流名称	控制站点	天然径流量/亿 m^3			1956—2000 年与 2001—2016 年系列比较/%		
		1956—2016 年	1956—2000 年	2001—2016 年	全年	汛期	非汛期
疏勒河	昌马堡	9.91	8.71	13.30	52.77	50.36	62.79
黑河	祁连	4.56	4.41	5.01	13.63	10.24	27.56
	扎马什克	7.58	7.14	8.81	23.38	24.59	17.45
	莺落峡	16.41	15.56	18.82	20.96	19.75	25.89
石羊河	西大河水库	1.60	1.57	1.68	6.96	4.43	18.70
	沙沟寺	3.15	3.11	3.25	4.45	4.46	4.44
	九条岭	3.20	3.17	3.31	4.43	3.31	12.91
	南营水库	1.30	1.34	1.18	-11.68	-11.83	-7.34
	杂木寺	2.40	2.38	2.43	2.19	-0.29	17.50
	黄羊河	1.26	1.29	1.18	-8.39	-16.78	16.27
	古浪	0.68	0.72	0.54	-24.91	-10.83	-16.84
	大靖峡水库	0.13	0.14	0.12	-15.36	-24.78	7.34
	蔡旗	2.89	3.16	2.12	-32.87	12.53	-62.52

石羊河由西向东由西大河、东大河、西营河、金塔河、杂木河、黄羊河、古浪河和大靖河等 8 条河流组成。除大靖河外，中部 6 条河于武威城附近汇成石羊河干流入红崖山水库后进入民勤盆地，西大河及东大河部分在永昌城北汇成金川河入金川峡水库后进入金昌盆地。石羊河主要断面天然径流多年平均变化见图 3-3。2001—2016 年，西大河、东大河、西营河和杂木河多年平均天然径流量较 1956—2000 年平均值呈

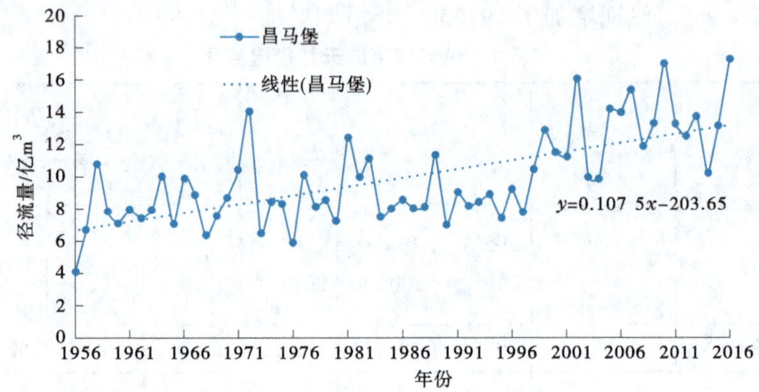

图 3-1　疏勒河昌马堡断面天然径流变化趋势

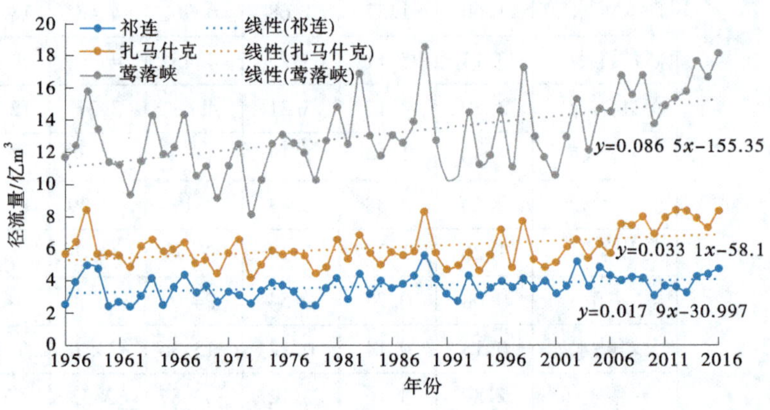

图 3-2　黑河主要断面天然径流变化趋势

增加趋势，但增加幅度不大，增加幅度在 2.19%～6.96%。金塔河、黄羊河、古浪河和大靖河 2001—2016 年多年平均天然径流量较 1956—2000 年平均值呈减少趋势，古浪河径流减少幅度最大，平均天然径流量减少了 24.91%；黄羊河径流减少幅度最小，天然径流量减少了 8.39%。中游控制断面蔡旗天然径流多年平均值 2.89 亿 m^3，1956—

2000 年多年平均天然径流量为 3.16 亿 m³，2001—2016 年多年平均天然径流量为 2.12 亿 m³，较 1956—2000 年平均值减少了 32.87%，汛期增加了 12.53%，非汛期减少了 62.52%。

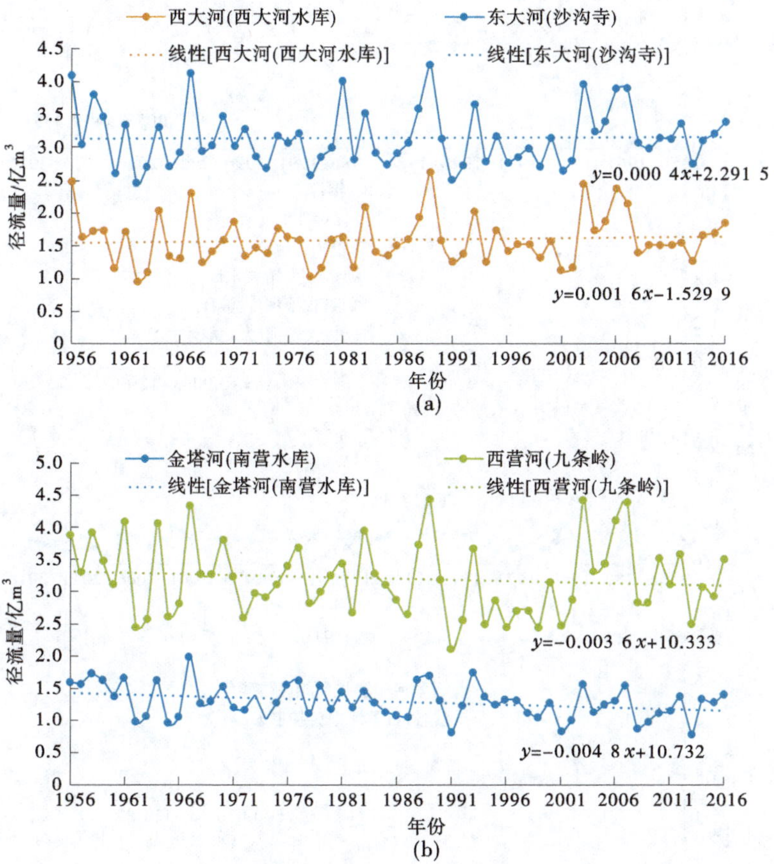

(a)

(b)

图 3-3　石羊河主要断面天然径流变化趋势

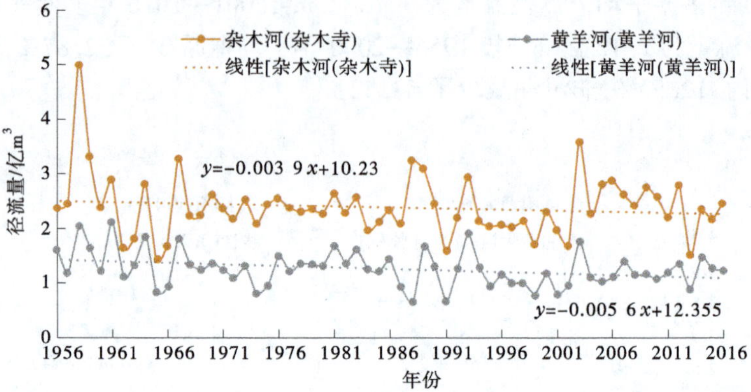

(c)

杂木河(杂木寺)
黄羊河(黄羊河)
线性[杂木河(杂木寺)]
线性[黄羊河(黄羊河)]
y=-0.003 9x+10.23
y=-0.005 6x+12.355
径流量/亿m3
年份

古浪河(古浪)
大靖河(大靖峡水库)
线性[古浪河(古浪)]
线性[大靖河(大靖峡水库)]
y=-0.006x+12.603
y=-0.000 5x+1.027 3
径流量/亿m3
年份

石羊河中游控制站(蔡旗)
线性[石羊河中游控制站(蔡旗)]
y=-0.056 4x+114.82
径流量/亿m3
年份

(d)

(e)

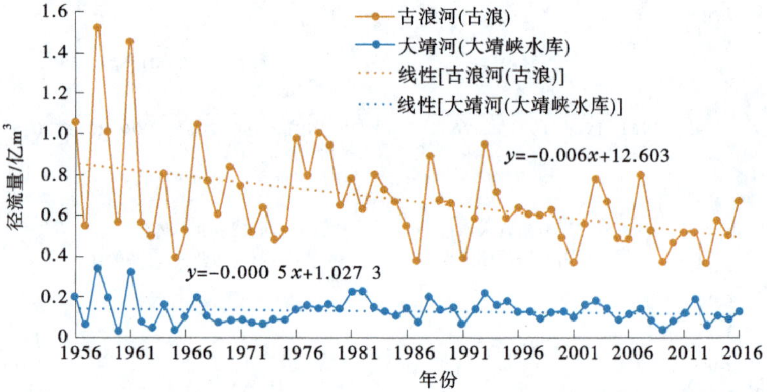

续图 3-3

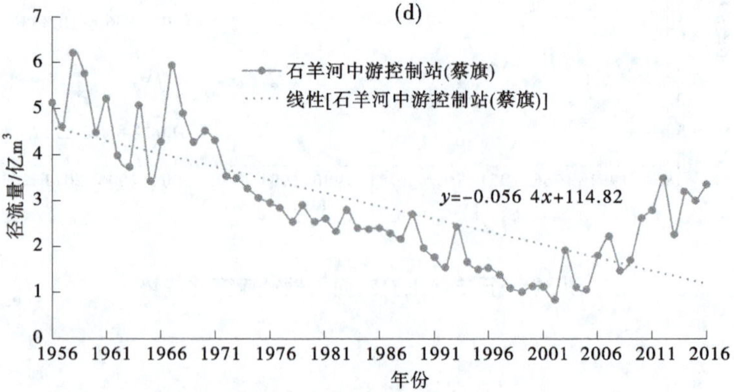

3.1.2　黄河流域

利用 1956—2000 年和 2001—2016 年水文系列，对甘肃省黄河流域重点河流的河道内径流进行了分析，黄河干流及重要支流天然径流变化见表 3-2。黄河干流玛曲断面、兰州断面和安宁渡断面径流呈减少趋势，黄河重要支流大夏河、祖厉河、洮河、大通河、渭河、葫芦河、泾河和马莲河近 20 年来水文情势变化较大。

表 3-2　黄河干流及重要支流天然径流变化

河流名称	控制站点	天然径流量/亿 m^3			1956—2000 年与 2001—2016 年系列比较/%		
		1956—2016 年	1956—2000 年	2001—2016 年	全年	汛期	非汛期
黄河干流	玛曲	140. 88	145. 09	129. 07	-11. 04	-12. 13	-6. 72
	兰州	303. 13	310. 34	282. 84	-8. 86	-17. 37	11. 35
	安宁渡	300. 54	310. 00	273. 96	-11. 63	-20. 41	10. 20
大夏河	夏河	2. 59	2. 74	2. 15	-21. 47	-21. 74	-20. 74
	双城	7. 65	7. 80	7. 21	-7. 67	-10. 17	-0. 63
	折桥	9. 47	9. 92	8. 20	-17. 31	-18. 08	-15. 07
庄浪河	武胜驿	1. 84	1. 82	1. 89	3. 71	4. 54	3. 20
	红崖子	1. 99	2. 06	1. 79	-13. 30	-7. 02	-17. 97
祖厉河	会宁	0. 15	0. 19	0. 05	-73. 47	-70. 55	-90. 52
	郭城驿	0. 54	0. 64	0. 24	-62. 46	-66. 12	-38. 41
	靖远	1. 27	1. 48	0. 69	-53. 24	-60. 55	-11. 33
洮河	碌曲	10. 35	10. 69	9. 37	-12. 36	-1. 46	-28. 74
	岷县	32. 26	33. 88	27. 68	-18. 30	-19. 73	-13. 69
	红旗	46. 11	48. 26	40. 03	-17. 05	-23. 82	4. 00

续表 3-2

河流名称	控制站点	天然径流量/亿 m³			1956—2000 年与2001—2016 年系列比较/%		
		1956—2016 年	1956—2000 年	2001—2016 年	全年	汛期	非汛期
大通河	天堂	16.76	16.07	18.70	16.36	32.26	-7.10
	连城	27.71	27.72	27.67	-0.20	-4.10	10.80
	享堂	28.57	29.30	26.52	-9.49	-13.80	2.95
渭河	渭源	0.21	0.22	0.18	-22.12	-29.40	14.33
	武山	5.73	6.34	4.02	-36.64	-39.15	-28.76
	北道	13.13	14.71	8.67	-41.06	-41.83	-38.77
葫芦河	静宁	0.51	0.65	0.10	-84.38	-79.54	-69.66
	秦安	3.17	3.64	1.85	-49.35	-50.52	-45.65
泾河	平凉	1.28	1.35	1.09	-19.56	-11.92	1.11
	泾川	2.60	2.88	1.82	-36.84	-30.34	-18.86
	杨家坪	7.16	7.79	5.39	-30.78	-37.81	-11.70
马莲河	洪德	0.68	0.75	0.49	-35.28	-34.38	-32.90
	庆阳	2.11	2.25	1.70	-24.49	-27.84	-10.16
	雨落坪	4.39	4.69	3.55	-24.34	-24.82	-19.70

黄河干流主要控制断面天然径流多年平均变化见图 3-4。黄河干流玛曲断面天然径流多年平均值 140.88 亿 m³，1956—2000 年平均天然径流量 145.09 亿 m³，2001—2016 年平均天然径流量 129.07 亿 m³，较 1956—2000 年平均值减少了 11.04%，汛期减少了 12.13%，非汛期减少了 6.72%；兰州断面天然径流多年平均值 303.13 亿 m³，1956—2000 年平均天然径流量 310.34 亿 m³，2001—2016 年平均天然径流量 282.84 亿 m³，较 1956—2000 年平均值减少了 8.86%，汛期减少了

17. 37%,非汛期增加了 11. 35%;安宁渡断面天然径流多年平均值 300. 54 亿 m^3,1956—2000 年平均天然径流量 310. 00 亿 m^3,2001—2016 年平均天然径流量 273. 96 亿 m^3,较 1956—2000 年平均值减少了 11. 63%,汛期减少了 20. 41%,非汛期增加了 10. 20%。

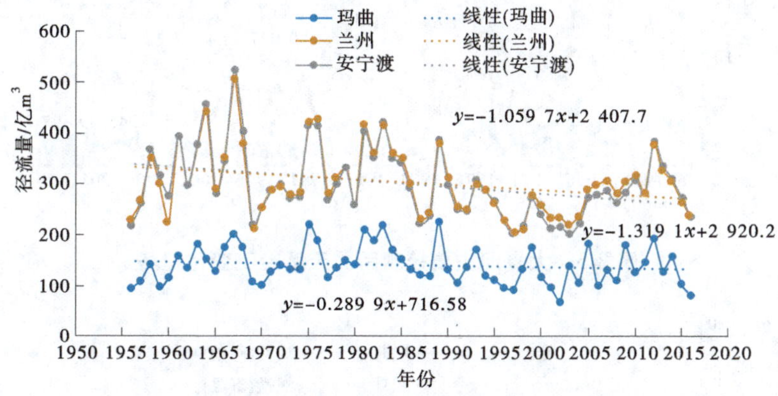

图 3-4 黄河干流主要控制断面天然径流变化趋势

大夏河主要控制断面天然径流变化趋势见图 3-5。大夏河夏河断面天然径流多年平均值 2. 59 亿 m^3,1956—2000 年平均天然径流量 2. 74 亿 m^3,2001—2016 年平均天然径流量 2. 15 亿 m^3,较 1956—2000 年平均值减少了 21. 47%,汛期减少了 21. 74%,非汛期减少了 20. 74%;双城断面天然径流多年平均值 7. 65 亿 m^3,1956—2000 年平均天然径流量 7. 80 亿 m^3,2001—2016 年平均天然径流量 7. 21 亿 m^3,较 1956—2000 年平均值减少了 7. 67%,汛期减少了 10. 17%,非汛期减少了 0. 63%;折桥断面天然径流多年平均值 9. 47 亿 m^3,1956—2000 年平均天然径流量 9. 92 亿 m^3,2001—2016 年平均天然径流量 8. 20 亿 m^3,较 1956—2000 年平均值减少了 17. 31%,汛期减少了 18. 08%,非汛期减少了 15. 07%。

洮河主要控制断面天然径流变化趋势见图 3-6。洮河碌曲断面天然径流多年平均值 10. 35 亿 m^3,1956—2000 年平均天然径流量 10. 69 亿 m^3,2001—2016 年平均天然径流量 9. 37 亿 m^3,较 1956—2000 年平

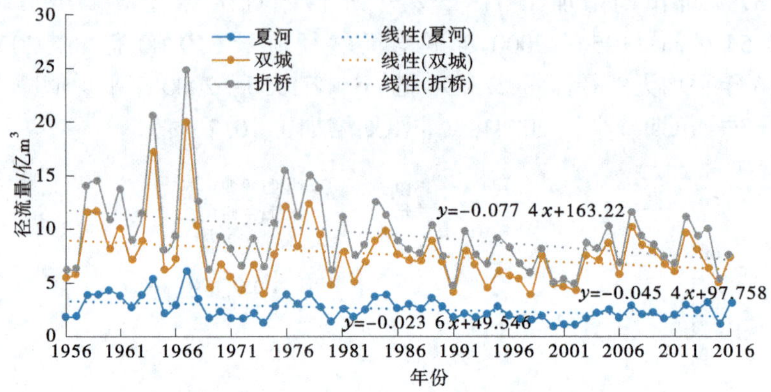

图 3-5 大夏河主要控制断面天然径流变化趋势

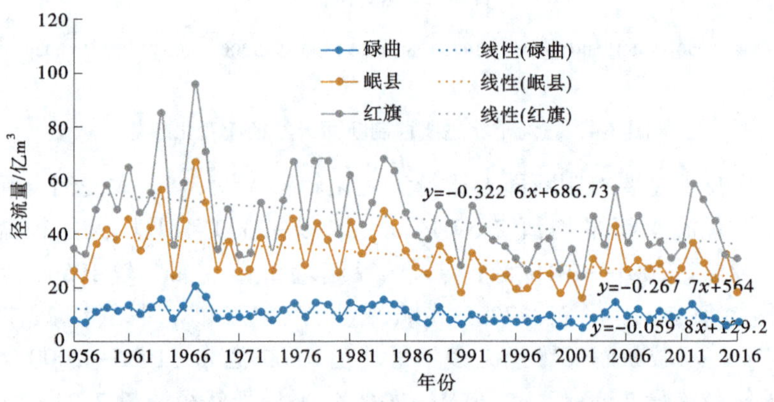

图 3-6 洮河主要控制断面天然径流变化趋势

均值减少了 12.36%,汛期减少了 1.46%,非汛期减少了 28.74%;岷县断面天然径流多年平均值 32.26 亿 m^3,1956—2000 年平均天然径流量 33.88 亿 m^3,2001—2016 年平均天然径流量 27.68 亿 m^3,较 1956—2000 年平均值减少了 18.30%,汛期减少了 19.73%,非汛期减少了 13.69%;红旗断面天然径流多年平均值 46.11 亿 m^3,1956—2000 年平均天然径流量 48.26 亿 m^3,2001—2016 年平均天然径流量 40.03 亿 m^3,较 1956—2000 年平均值减少了 17.05%,汛期减少了 23.82%,非

汛期增加了 4.00%。

渭河干流主要控制断面天然径流变化趋势见图 3-7。渭河渭源断面天然径流多年平均值 0.21 亿 m³,1956—2000 年平均天然径流量 0.22 亿 m³,2001—2016 年平均天然径流量 0.18 亿 m³,较 1956—2000 年平均值减少了 22.12%,汛期减少了 29.40%,非汛期增加了 14.33%;武山断面天然径流多年平均值 5.73 亿 m³,1956—2000 年平均天然径流量 6.34 亿 m³,2001—2016 年平均天然径流量 4.02 亿 m³,较 1956—2000 年平均值减少了 36.64%,汛期减少了 39.15%,非汛期减少了 28.76%;北道断面天然径流多年平均值 13.13 亿 m³,1956—2000 年平均天然径流量 14.71 亿 m³,2001—2016 年平均天然径流量 8.67 亿 m³,较 1956—2000 年平均值减少了 41.06%,汛期减少了 41.83%,非汛期增加了 38.77%。

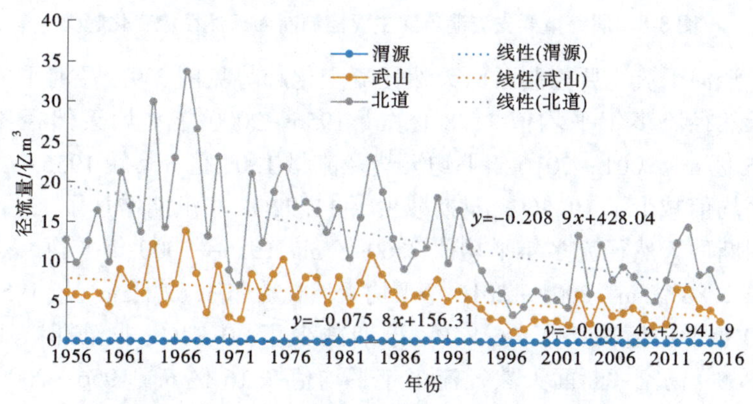

图 3-7　渭河干流主要控制断面天然径流变化趋势

渭河重要支流葫芦河主要控制断面天然径流变化趋势见图 3-8。渭河重要支流葫芦河静宁断面天然径流多年平均值 0.51 亿 m³,1956—2000 年平均天然径流量 0.65 亿 m³,2001—2016 年平均天然径流量 0.10 亿 m³,较 1956—2000 年平均值减少了 84.38%,汛期减少了 79.54%,非汛期减少了 69.66%;秦安断面天然径流多年平均值 3.17 亿 m³,1956—2000 年平均天然径流量 3.64 亿 m³,2001—2016 年平均天然径流量 1.85 亿 m^3，较 1956—2000 年平均值减少了 49.35%，汛期减少了 50.52%，非汛期减少了 45.65%。

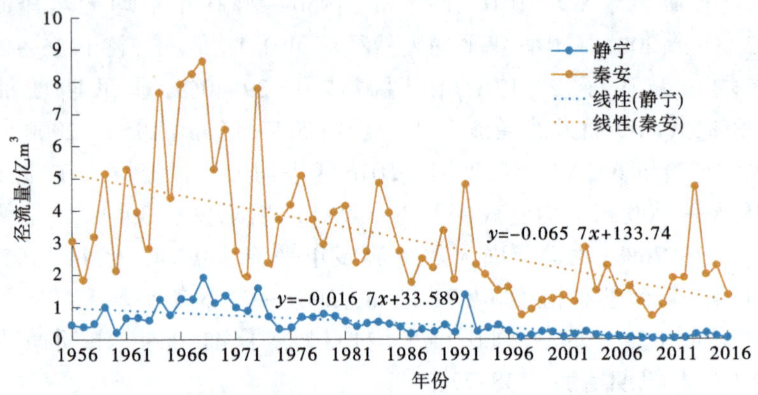

图 3-8　渭河重要支流葫芦河主要控制断面天然径流变化趋势

泾河干流主要控制断面天然径流变化趋势见图 3-9。泾河平凉断面天然径流多年平均值 1.28 亿 m^3，1956—2000 年平均天然径流量 1.35 亿 m^3，2001—2016 年平均天然径流量 1.09 亿 m^3，较 1956—2000 年平均值减少了 19.56%，汛期减少了 11.92%，非汛期增加了 1.11%；泾川断面天然径流多年平均值 2.60 亿 m^3，1956—2000 年平均天然径流量 2.88 亿 m^3，2001—2016 年平均天然径流量 1.82 亿 m^3，较 1956—2000 年平均值减少了 36.84%，汛期减少了 30.34%，非汛期减少了 18.86%；杨家坪断面天然径流多年平均值 7.16 亿 m^3，1956—2000 年平均天然径流量 7.79 亿 m^3，2001—2016 年平均天然径流量 5.39 亿 m^3，较 1956—2000 年平均值减少了 30.78%，汛期减少了 37.81%，非汛期减少了 11.70%。

泾河重要支流马莲河主要控制断面天然径流变化趋势见图 3-10。泾河重要支流马莲河洪德断面天然径流多年平均值 0.68 亿 m^3，1956—2000 年平均天然径流量 0.75 亿 m^3，2001—2016 年平均天然径流量 0.49 亿 m^3，较 1956—2000 年平均值减少了 35.28%，汛期减少了 34.38%，非汛期减少了 32.90%；庆阳断面天然径流多年平均值 2.11

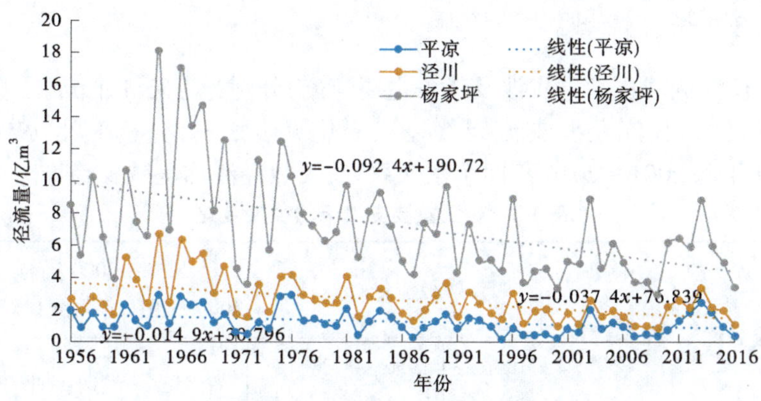

图 3-9　泾河干流主要控制断面天然径流变化趋势

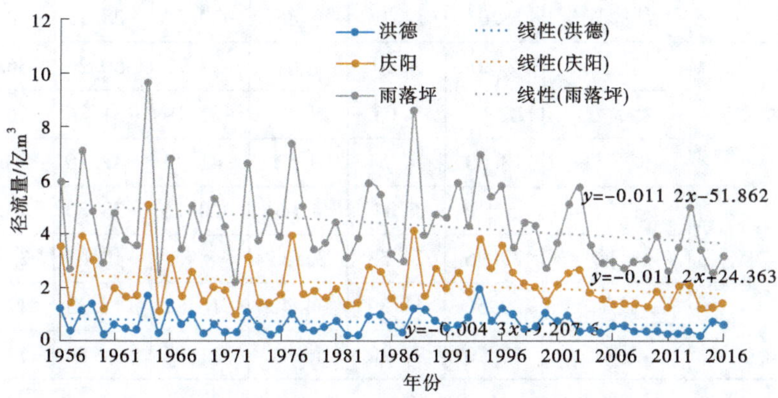

图 3-10　泾河重要支流马莲河主要控制断面天然径流变化趋势

亿 m^3，1956—2000 年平均天然径流量 2.25 亿 m^3，2001—2016 年平均天然径流量 1.70 亿 m^3，较 1956—2000 年平均值减少了 24.49%，汛期减少了 27.84%，非汛期减少了 10.16%；雨落坪断面天然径流多年平均值 4.39 亿 m^3，1956—2000 年平均天然径流量 4.69 亿 m^3，2001—2016 年平均天然径流量 3.55 亿 m^3，较 1956—2000 年平均值减少了 24.34%，汛期减少了 24.82%，非汛期减少了 19.70%。

3.1.3 长江流域

长江流域在甘肃省涉及3条主要河流，分别为嘉陵江干流、白龙江和西汉水，长江重要支流天然径流变化见表3-3。分析对比1956—2000年和2001—2016年两个水文系列，天然径流均呈减少趋势。

表3-3 长江重要支流天然径流变化

河流名称	控制站点	天然径流量/亿 m^3			1956—2000年与2001—2016年系列比较/%		
		1956—2016年	1956—2000年	2001—2016年	全年	汛期	非汛期
嘉陵江干流	茨坝	5.29	5.87	3.67	-37.41	-35.45	-36.52
	谈家庄	13.05	14.18	9.85	-30.55	-28.13	-18.57
西汉水	礼县	2.80	3.20	1.67	-47.72	-50.27	-36.03
	大桥	7.35	8.05	5.38	-33.19	-31.86	-16.62
	镡家坝	13.03	14.64	8.52	-41.79	-42.75	-33.17
白龙江	白云	5.53	5.84	4.66	-20.12	-23.80	-13.49
	舟曲	23.96	24.53	22.35	-8.88	-12.67	2.86
	武都	39.56	41.39	34.42	-16.82	-18.33	-12.66
	碧口	80.20	85.10	66.41	-21.96	-24.84	-14.39

嘉陵江干流主要控制断面天然径流变化趋势见图3-11。嘉陵江干流茨坝断面天然径流多年平均值5.29亿 m^3，1956—2000年平均天然径流量5.87亿 m^3，2001—2016年平均天然径流量3.67亿 m^3，较1956—2000年平均值减少了37.41%，汛期减少了35.45%，非汛期减少了36.52%；谈家庄断面天然径流多年平均值13.05亿 m^3，1956—2000年平均天然径流量14.18亿 m^3，2001—2016年平均天然径流量9.85亿 m^3，较1956—2000年平均值减少了30.55%，汛期减少了28.13%，非汛期减少了18.57%。

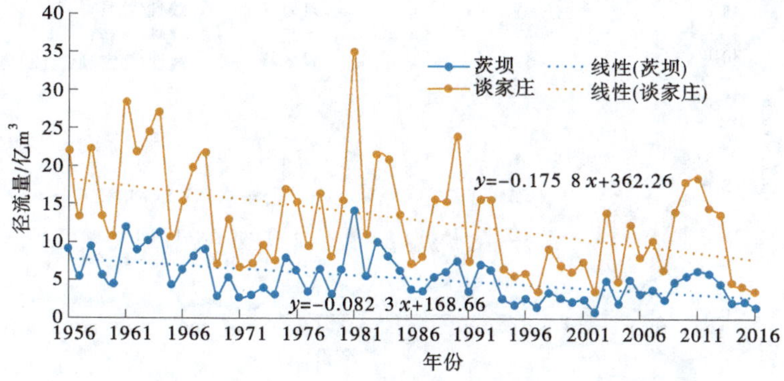

图 3-11　嘉陵江干流主要控制断面天然径流变化趋势

西汉水主要控制断面天然径流变化趋势见图 3-12。西汉水礼县断面天然径流多年平均值 2.80 亿 m³,1956—2000 年平均天然径流量 3.20 亿 m³,2001—2016 年平均天然径流量 1.67 亿 m³,较 1956—2000 年平均值减少了 47.72%,汛期减少了 50.27%,非汛期减少了 36.03%;大桥断面天然径流多年平均值 7.35 亿 m³,1956—2000 年平均天然径流量 8.05 亿 m³,2001—2016 年平均天然径流量 5.38 亿 m³,较 1956—2000 年平均值减少了 33.19%,汛期减少了 31.86%,非汛期减少了 16.62%;镡家坝断面天然径流多年平均值 13.03 亿 m³,1956—2000 年平均天然径流量 14.64 亿 m³,2001—2016 年平均天然径流量 8.52 亿 m³,较 1956—2000 年平均值减少了 41.79%,汛期减少了 42.75%,非汛期减少了 33.17%。

白龙江主要控制断面天然径流变化趋势见图 3-13。白龙江白云断面天然径流多年平均值 5.53 亿 m³,1956—2000 年平均天然径流量 5.84 亿 m³,2001—2016 年平均天然径流量 4.66 亿 m³,较 1956—2000 年平均值减少了 20.12%,汛期减少了 23.80%,非汛期减少了 13.49%;舟曲断面天然径流多年平均值 23.96 亿 m³,1956—2000 年平均天然径流量 24.53 亿 m³,2001—2016 年平均天然径流量 22.35 亿 m³,较 1956—2000 年平均值减少了 8.88%,汛期减少了 12.67%,非汛

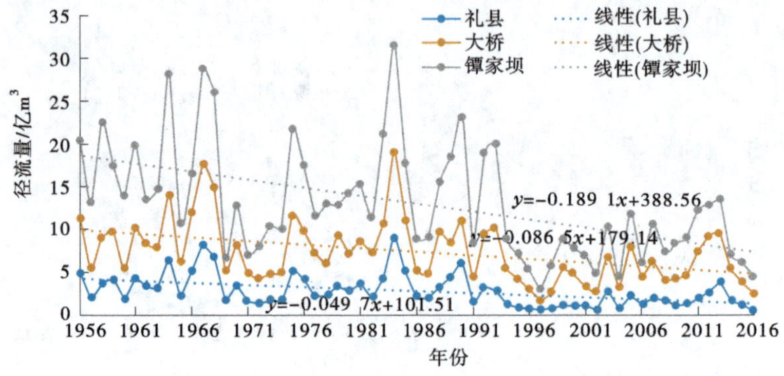

图 3-12 西汉水主要控制断面天然径流变化趋势

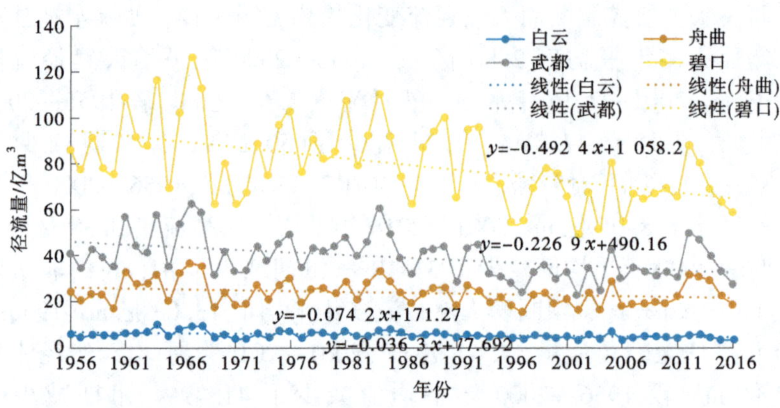

图 3-13 白龙江主要控制断面天然径流变化趋势

期增加了 2.86%;武都断面天然径流多年平均值 39.56 亿 m³,1956—2000 年平均天然径流量 41.39 亿 m³,2001—2016 年平均天然径流量 34.42 亿 m³,较 1956—2000 年平均值减少了 16.82%,汛期减少了 18.33%,非汛期减少了 12.66%;碧口断面天然径流多年平均值 80.20 亿 m³,1956—2000 年平均天然径流量 85.10 亿 m³,2001—2016 年平均天然径流量 66.41 亿 m³,较 1956—2000 年平均值减少了 21.96%,汛期减少了24.84%,非汛期减少了14.39%。

3.2　河道断流(干涸)情况

对流域面积1 000 km^2以上且天然情况下常年有水的河流,调查分析1980—2016年河道断流(干涸)情况,并分析断流原因。

3.2.1　内陆河流域

《甘肃省水资源综合规划》成果以及河流主要控制站点逐日平均流量资料显示,甘肃省内陆河流域发生过断流的河流有5条,分别为疏勒河、黑河、石羊河、古浪河、西大河。

疏勒河双塔堡水库水文站以下河段1980—1988年有5年出现过断流现象,1984年断流天数最多,为183 d,断流河段长170 km。断流原因主要为保障生产生活用水修建双塔堡水库拦蓄河道径流、下游河段沙质河道渗漏和蒸发强烈。

黑河干流1991—2000年高崖—哨马营河段连续10年出现过断流现象,1997年断流天数最多,为94 d,断流河段长126 km。断流原因是黑河中游区经济发展较快,尤其是农业灌溉用水量的增加和平原水库的兴建,加大了黑河干流中游段的用水,加之河流来水量减少,沙质河道渗漏和蒸发强烈,最终造成河道断流。

石羊河红崖山水库水文站以下河段1980—2016年有22年出现过断流现象,2002年断流天数最多,为293 d,断流河段长56.6 km。断流原因主要是为保障生产生活用水修建红崖山水库拦蓄河道径流、下游河段沙质河道渗漏和蒸发强烈。

古浪河古浪水文站以下河段1980—2016年有21年出现过断流现象,2002年断流天数最多,为156 d,断流河段长2.57 km。断流原因主要是为保障生产生活用水修建曹家湖、十八里堡、柳条河水库拦蓄河道径流、下游河段沙质河道渗漏和蒸发强烈。

西大河西大河水库水文站以下河段1987—2016年有19年出现过断流现象,2008年断流天数最多,为204 d,断流河段长48.6 km。断流原因主要是为保障生产生活用水修建西大河水库拦蓄河道径流、下游河段沙质河道渗漏和蒸发强烈。

内陆河流域河道断流(干涸)统计见表 3-4。

表 3-4　内陆河流域河道断流(干涸)统计

序号	河流名称	断流(干涸)年份	断流河段位置	断流长度/km	年最大断流天数/d
1	疏勒河	1980、1983、1984、1987、1988	双塔堡水库水文站以下	170	183(1984)
2	黑河	1991—2000	高崖—哨马营	126	94(1997)
3	石羊河	1980、1983、1984、1987、1988、2000—2016	红崖山水库水文站以下	56. 6	293(2002)
4	古浪河	1983、1984、1987、1988、2000—2016	古浪水文站以下	2. 57	156(2002)
5	西大河	1987、1988、2000—2016	西大河水库水文站以下	48. 6	204(2008)

3. 2. 2　黄河流域

《甘肃省水资源综合规划》成果以及相应河流上游主要控制站点逐日平均流量资料显示,黄河流域发生过断流的河流有 4 条,分别为庄浪河、渭河、葫芦河、泾河。

庄浪河红崖子水文站以下河段 2000—2014 年连续 15 年断流,年断流天数 2001 年最多,为 126 d,断流河段长 1. 33 km。断流原因主要为农业灌溉用水量的增加和河流来水量的减少。

渭河干流河道 1982—2000 年分段发生断流现象,断流河段为陇西—武山、甘谷—葫芦河口,其中陇西—武山段 1982—2000 年共有 9 年发生断流,每年断流 1 ~ 11 次不等,1995 年以后连年断流,断流天数也由 1982 年的 12 d 增加到 2000 年的 234 d。甘谷—葫芦河口段,

1982—2000 年共有 13 年发生断流,每年断流 1~6 次,1995 年以后连年断流,断流天数由 1982 年的 5 d 增加到 1999 年的 32 d。其断流原因主要是 20 世纪 80—90 年代以来,渭河流域持续干旱少雨,渭河下排水量除为汛期几场洪水外,其他时段水量不足,除区域引水、灌溉引用外,几无多余水量下泄,导致河道断流。

葫芦河静宁水文站以下河段 1992—2016 年共有 23 年发生过断流,2009 年断流天数最多,为 164 d,断流河段长 82.8 km。葫芦河因降雨量减少、上游修整梯田、建水库、引水灌溉等,常常处于干涸状态。

泾河干流平凉水文站以下河段 1997—2007 年共有 9 年发生过断流,2006 年断流天数最多,为 32 d,断流河段长 71.4 km。断流原因主要为降雨量减少、灌溉高峰期引水、上游修建水库以及源头区泾源县境内的宁夏回族自治区跨流域调水工程建设。

黄河流域河道断流(干涸)统计见表 3-5。

表 3-5　黄河流域河道断流(干涸)统计

序号	河流名称	断流(干涸)年份	断流河段位置	断流长度/km	年最大断流天数/d
1	庄浪河	2000—2014	红崖子水文站以下	1.33	126(2001)
2	渭河	1982—2000	陇西—武山	8	234(2000)
			甘谷—葫芦河口	41.5	32(1999)
3	葫芦河	1992、1995—2013、2016	静宁水文站以下	82.8	164(2009)
4	泾河	1997—2001、2003、2005—2007	平凉水文站以下	71.4	32(2006)

3.2.3　长江流域

《甘肃省水资源综合规划》成果以及相应河流上游主要控制站点

逐日平均流量资料显示,甘肃省长江流域主要河流没有断流现象。

3.3 河流生态敏感区分布

生态敏感区指对生物多样性、土壤、水域及其他自然资源的长期维持起至关重要作用的区域,是重点保护野生动植物和珍稀濒危动植物的集中分布区或生态系统极为脆弱的区域,具有重要的生态服务功能,是整个流域最为重要、最为敏感的区域。生态敏感区主要包括世界文化和自然遗产地、自然保护区、风景名胜区、森林公园、地质公园、重要湿地、鱼类“三场”和水产种质资源保护区等。

生态敏感区对维持流域生物多样性和保障流域生态安全具有重要的战略意义,在很大程度上制约着流域综合规划、水资源规划和专项规划的制定及实施。随着流域开发力度的不断加强,需要妥善协调流域开发与生态敏感区保护之间的关系。

3.3.1 生态敏感区相关概念

3.3.1.1 生态敏感性

生态敏感性是指生态系统对自然环境改变及人类活动干扰的敏感程度,它反映了生态系统受到干扰时,生态系统发生生态环境问题的难易程度和可能性大小,其实质是生态系统对抗外界干扰能力的强弱。生态系统在自然状况下维持着一种相对稳定的耦合关系,保证着生态系统的相对稳定,若外界刺激将这种耦合关系打破,生态系统将发生变化,甚至导致严重的生态环境问题。

生态敏感性分析对生态规划与发展有着重要意义。生态敏感性分析是生态适宜性分析中的一种,它通过一种或多种生态环境因子,分析生态环境的敏感程度,划定生态敏感区和生态敏感等级,用以判断一个区域生态环境的稳定性。生态敏感性分析是评价生态环境质量的有效指标,也是生态环境保护与发展规划制定的基础。

3.3.1.2 生态敏感区

当前,国内外对生态敏感区的研究仍处于探索阶段。从学科基础

来看,一方面是来自环境学对城市化发展过程中引起的生态环境效应、机制分析而展开的对环境敏感区和生态环境敏感区的研究,另一方面是源于生态学对城市化发展过程中生态系统性质和功能的探讨而进行的对生态交错带、生态脆弱带和生态敏感性的研究。从生态敏感区的重要性方面的定义,部分学者认为生态敏感区是对区域总体生态环境起决定作用的大型生态要素和生态实体,其保护好坏决定了区域生态环境质量的高低,其主要特征是对较大区域具有生态保护意义。部分学者认为生态敏感区特指为两种或两种以上不同生态系统的接合部,这种理解的实质是将生态敏感区理解为生态脆弱带。

目前,学术界主要认同两种生态敏感区的定义思路。一方面可认为是狭义生态敏感区,即自然生态型,是以自然生态系统为主要对象,包括水土流失重点治理及重点监督区、天然湿地、珍稀动植物栖息地或特殊生境等;另一方面可认为是广义生态敏感区,除包括自然生态系统外,还包括用来分割城市组团、防止城市无序蔓延的地带以及作为城市可持续发展资源储备的区域。

3.3.2　生态敏感区划定

生态敏感区包括国家级、省级主体功能区规划中确定的“禁止开发区”内的河流(河段),全国重要江河湖泊水功能区划中确定的“保护区”和“饮用水源区”涉及的河段;国际和国家重要湿地、省级以上湿地公园、水产种质资源保护区内的河流(河段);已划定岸线功能区中的“岸线保护区”涉及的河段,以及其他具有重要水生态功能,或对维持河势稳定、维护湖泊形态稳定至关重要,应限制或禁止开发利用的河流(河段)等。甘肃省涉及生态敏感区河流共 11 条,河道总长度 3 427.8 km。其中西北诸河区涉及 3 条河流,河长 889.5 km,黄河流域涉及 7 条河流,河长 1 425.8 km,长江流域涉及 1 条河流,河长 177.0 km。根据生态敏感区类型划分,甘肃省国家级自然和资源保护区 9 个,涉河长度 694.9 km;国家级森林公园和地质公园 6 个,涉河长度 315.9 km;国家级水产资源保护区 4 个,涉河长度 862 km;国家、省级重要水源保护区 7 个,涉河长度 458.3 km;省级自然保护区 3 个,涉河长度

161.2 km。

西北诸河区疏勒河涉及疏勒河玉门源头水国家级保护区(青、甘)、党河肃北源头水国家级保护区(青、甘)、敦煌西湖国家级自然保护区、甘肃瓜州县塘墩湖省级自然保护区、甘肃安西极旱荒漠国家级自然保护区和甘肃盐池湾国家级自然保护区等6个生态敏感区,敏感河长544.8 km;黑河流域涉及甘肃祁连山国家级自然保护区(黑河)、黑河甘肃国家级生态保护区、山丹县焉支山国家级森林公园3个生态敏感区,敏感河长273.7 km;石羊河流域涉及甘肃祁连山国家级自然保护区(石羊河)1个,敏感河长71.0 km。

黄河流域黄河上游水系共涉及黑河若尔盖国家级自然保护区、甘肃玛曲土著鱼类国家级自然保护区、黄河甘肃平川段国家级水产种质资源保护区和景泰黄河石林国家地质公园等4个生态敏感区,涉河长度610.6 km;大夏河涉及大夏河夏河源头水国家级保护区1个,敏感河长51.3 km;洮河涉及洮河碌曲源头水国家级保护区、洮河卓尼饮用水源区(省级)、甘肃洮河国家级自然保护区、甘肃大峪国家森林公园、甘肃岷县双燕自然保护区(省级)5个生态敏感区,敏感河长315.3 km;大通河涉及天祝三峡国家森林公园1个生态敏感区,涉河长度38.6 km;渭河涉及渭河源头水国家级保护区、渭河源国家森林公园、甘肃漳县秦岭细鳞鲑国家级自然保护区3个生态敏感区,敏感河长313.0 km;泾河涉及甘肃太统-崆峒山国家级自然保护区1个生态敏感区,敏感河长8.0 km;北洛河(葫芦河)涉及葫芦河甘陕源头水国家级保护区1个生态敏感区,敏感河长89.0 km。

长江流域涉及白龙江碌曲若尔盖源头水国家级保护区、甘肃白龙江阿夏自然保护区(省级)和甘肃多儿国家级自然保护区3个生态敏感区,敏感河长177 km。

甘肃省主要河流生态敏感区情况见表3-6。

表 3-6　甘肃省主要河流生态敏感区情况

序号	河流名称	水域岸线侵占情况/km^2	涉及生态敏感区	生态敏感区河段长度/km
1	疏勒河	疏勒河玉门源头水保护区（青、甘）（全国重要）	水源保护区	80
		党河肃北源头水国家级保护区（青、甘）	水源保护区	210
		敦煌西湖国家级自然保护区	自然保护区	85
		甘肃安西极旱荒漠国家级自然保护区	自然保护区	47.6
		甘肃瓜州县塘墩湖省级自然保护区	自然保护区	22.2
		甘肃盐池湾国家级自然保护区	自然保护区	100
2	黑河	甘肃祁连山国家级自然保护区（黑河）	自然保护区	97.3
		黑河甘肃国家级生态保护区	自然保护区	161.4
		山丹县焉支山国家级森林公园	森林公园	15
3	石羊河	甘肃祁连山国家级自然保护区（石羊河）	自然保护区	71
4	黄河干流（河口镇以上）	黑河若尔盖国家级自然保护区（川、甘）	自然保护区	138
		甘肃玛曲土著鱼类国家级自然保护区	自然资源保护区	433
		景泰黄河石林国家地质公园	国家地质公园	4.6
		黄河甘肃平川段国家级水产种质资源保护区	资源保护区	35

续表 3-6

序号	河流名称	水域岸线侵占情况/km²	涉及生态敏感区	生态敏感区河段长度/km
5	大夏河	大夏河夏河源头水国家级保护区(全国重要)	水源保护区	51.3
6	洮河	洮河碌曲源头水国家级保护区(洮河扁咽齿鱼国家级水产种质资源保护区)	水源保护区	120
		洮河卓尼饮用水源区(省级)	水源保护区	10
		甘肃洮河国家级自然保护区	自然保护区	61
		甘肃大峪国家森林公园	森林公园	63.3
		甘肃岷县双燕自然保护区(省级)	自然保护区	61
7	大通河	天祝三峡国家森林公园	森林公园	38.6
8	渭河	渭河渭源源头水国家级保护区(全国重要)	水源保护区	6
		渭河源国家森林公园	森林公园	33
		甘肃漳县秦岭细鳞鲑国家级自然保护区	自然资源保护区	274
9	泾河	甘肃太统-崆峒山国家级自然保护区	自然保护区	8
10	北洛河(葫芦河)	葫芦河甘陕源头水国家级保护区(全国重要)	水源保护区	89
11	白龙江	白龙江碌曲若尔盖源头水保护区(全国重要)	水源保护区	12
		甘肃白龙江阿夏自然保护区(省级)	森林公园	78
		甘肃多儿国家级自然保护区	自然保护区	87

3.3.3 生态敏感区状况

3.3.3.1 生物多样性状况

甘肃省境内地貌类型复杂多样，独特的地理位置与复杂的地形地貌，孕育着极其丰富的动植物资源。全省生物多样性丰富。据统计，全省共有野生高等动植物种类 6 117 种，野生维管植物 5 160 种，野生动物 957 种和亚种。按群系划分为 10 个植被型组、36 个植被型、52 个植被亚型、286 个群系。甘肃省境内中国特有种目前记录的数量为 2 384 种，其中中国特有植物共 2 204 种，裸子植物中国特有种共 26 种，被子植物中国特有种共 2 061 种。中国特有动物 180 种和亚种，其中鱼类 67 种和亚种，两栖类 22 种，爬行类 26 种，鸟类 30 种，兽类 35 种。甘肃省境内共有入侵物种 85 种，其中入侵植物 70 种，野生高等动物入侵种 15 种，爬行类和鸟类没有入侵物种。全省境内共有国家级受威胁物种 424 种和亚种。

3.3.3.2 水生生物状况

甘肃地处黄土、蒙新、青藏三大高原交会地带，分属黄河、长江和内陆河三大流域，地形狭长，是全国唯一同时占有东部季风区、西部干旱区和青藏高原区三大自然区的省份，也是长江、黄河上游及众多内陆河发源地的重要生态功能区。复杂的自然地理环境为各种生物及生态系统类型的形成与发展提供了多种生境，从而使甘肃省水生生物多样性丰富，是国内比较典型的省份之一。全省境内有 450 多条河流，有鱼类 73 属 106 种(亚种)，两栖类 12 属 24 种(亚种)，水生爬行类 2 种。省内分布的国家二级保护动物有秦岭细鳞鲑、大鲵、细痣疣螈、水獭 4 种，列入首批省级野生动物名录的有山溪鲵(娃娃鱼、接骨丹)、北方铜鱼(鸽子鱼、沙嘴子)、渭河裸重唇鱼(重唇鱼)共 3 种，列入省级第二批水生野生动物保护名录的有 20 种。省内有厚唇重唇鱼、花斑裸鲤、极扁边咽齿鱼、渭河裸重唇鱼、祁连裸鲤、兰州鲶、黄河雅罗鱼、赤眼鳟等经济价值较高的土著经济鱼类 26 种。

随着人口的增长及经济活动的加剧，人为与河争地破坏了鱼类的栖息及产卵场所，过量、无序捕捞时有发生，加之水质污染、气候变暖、干旱少雨、外来物种入侵、采矿等，改变了鱼类栖息条件和生活规律，破坏了生态平衡和鱼类长期适应了的生态环境，使水生野生动物的生态环境遭到严重破坏，物种的生存受到了不同程度的威胁，许多物种处于濒临灭绝的危险境地。目前，黄河水系兰州段鱼类资源明显减少，有8种在本段绝迹，如平鳍鳅就已灭绝。在陇南文县、康县等地分布的小型鱼类前臀鲱受偷捕影响，自然种群数量大幅减少。由于受环境的改变，中部定西境内，原有的厚唇鱼、裂腹鱼亚科鱼类和黄河高原鳅数量明显减少，赤眼鳟、似鲶高原鳅、刺鮈已难以见到；大量珍贵的两栖类生物资源如中国林蛙、秦岭雨蛙等，由于大量捕捉，数量急剧减少。一些采金、挖沙、开矿等人为活动给当地水质造成较为严重污染，加速了鱼类资源的枯竭；一些水利工程、阶梯式电站的修建，人为阻断了原来生活在水域下游的鱼类到上游产卵的洄游线路，而形成下游鱼不能上溯洄游、生殖、索饵，上游鱼不能到深水区过冬，导致自然水域鱼类的栖息环境缩小。由此可见，甘肃省水域土著鱼类资源已遭严重破坏，天然鱼类种群数量日趋减少，生殖亲体朝小型化、低龄化方向发展，加之对土著鱼类保护的投入严重不足，管理手段落后，导致土著鱼类已到了濒临枯竭的边缘，对甘肃省自然生态环境的良好演替将会产生十分不利的影响，其结果是生物多样性受到破坏，最终又必将影响到经济、社会的可持续发展。

3.3.4 生态敏感区保护措施

（1）建立健全生态保护法律法规和标准体系。制定有关生态保护、遗传资源、生物安全等方面的法律，制定生态环境质量评价、生态脆弱区评估、自然保护区管理评估等法规和标准。制定生态保护红线管理办法，让地方在生态保护红线管理执法过程中有据可依。

（2）构建生态系统监测体系。推动生态保护红线监管能力建设，在国家生态保护红线监管平台基础上，建立省级“节点”，实现互联互通，及时接收和反馈信息，逐步形成日常监控和现场核查能力。加强对重点生态系统的科学研究，开展生态系统脆弱区和敏感区的监测，建立

生态监测和预警网络,提高生态系统监测能力,在此基础上对生态环境质量进行评价。优先建立国家重要生态功能区的生态状况监控系统,建立重大生态破坏事故应急处理系统。

(3)加大生态保护和建设的投入。充分利用市场机制建立合理的、多元化的投入机制,不断拓展生态保护和建设投融资渠道。在加大政府投入的同时,积极引导和鼓励企业、社会参与生态保护与建设。建立健全生态审计制度,对生态治理工程实行充分论证和后评估,确保投入与产出的合理性和生态效益、经济效益与社会效益的统一。

(4)大力开展生态保护宣传教育。加大生态环境保护宣传力度,弘扬环境文化,倡导生态文明,努力营造节约自然资源和保护生态环境的舆论氛围。加强对各级领导决策者的培训,开展全民生态科普活动,提高全民保护生态环境的自觉性。

3.4 主要河流岸线开发利用情况

3.4.1 河流岸线的定义

岸线控制线是指沿河流水流方向或湖泊沿岸周边为加强岸线资源的保护和合理开发而划定的管理控制线。岸线控制线分为临水控制线和外缘控制线。

3.4.2 河流岸线的作用

河流的岸线不但具有行洪及维护河流生态环境的功能,而且具有开发利用的经济价值。岸线利用与经济社会发展状况、土地资源利用密切相关,对社会发展、河道行洪和水生态保护都具有重要的作用。随着社会经济的不断发展,城市化进程加快,河流的岸线利用要求越来越高,沿河开发活动和临水建筑物日益增多。长期以来,由于河道岸线范围不明,功能界定不清,部分河段岸线开发无序,对河道行洪和水生态保护带来不利影响。特别是城区河段由于经济发达、人口稠密、土地资源紧缺,河道两侧及周边岸线的开发利用程度很高。要重视发挥岸线资源的多功能作用,既要发挥岸线在防洪、供水、航运、水资源利用、生态环境保护等方面的作用,保障防洪安全、河势稳定、供水安全、保护水生态环境和维护河流健康,也要发挥岸线的社会服务功能和航运发展等资源效用。合理开发利用岸线资源,为沿河地区的经济社会发展服务。

3.4.3 重点河流岸线开发利用情况

甘肃省主要河流岸线开发利用情况调查河流(河段)共 12 条,分别为西北诸河区的疏勒河、黑河和石羊河,黄河流域的黄河干流、大夏河、洮河、湟水、大通河、渭河、泾河和北洛河(葫芦河),长江流域的白龙江。

据统计,12 条河流左右岸岸线总长度 9 456.4 km,其中左岸长度 4 721.5 km,右岸长度 4 734.9 km;现状开发利用长度 657.2 km,其中左岸长度 307.75 km,右岸长度 349.45 km。现状开发利用率 6.95%,其中左岸 6.52%,右岸 7.38%。

甘肃省主要河流岸线开发利用情况见表 3-7。

表 3-7 甘肃省主要河流岸线开发利用情况

序号	河流名称	水资源二级区	左岸			右岸		
			总长/km	开发利用长度/km	开发利用率/%	总长/km	开发利用长度/km	开发利用率/%
1	疏勒河	河西走廊内陆河	472	30	6.36	475	30	6.32
2	黑河	河西走廊内陆河	466	42.2	9.06	466	32.2	6.91
3	石羊河	河西走廊内陆河	955.8	29	3.03	959.9	16.7	1.74
4	黄河干流	龙羊峡以上	424	1	0.24	427	1	0.23
5	黄河干流	龙羊峡至兰州	446	93	20.85	447	115.4	25.82
6	黄河干流	兰州至河口镇	132	2.1	1.59	131	2.3	1.76
7	大夏河	龙羊峡至兰州	197	18.1	9.19	201	25.5	12.69
8	洮河	龙羊峡至兰州	589	14.26	2.42	580	34.26	5.91

续表 3-7

序号	河流名称	水资源二级区	左岸			右岸		
			总长/km	开发利用长度/km	开发利用率/%	总长/km	开发利用长度/km	开发利用率/%
9	大通河	龙羊峡至兰州	68. 6	7	10. 2	68. 4	6	8. 77
10	湟水	龙羊峡至兰州	68. 8	5	7. 27	69	6	8. 7
11	渭河	龙门至三门峡	310	37. 79	12. 19	311	57. 79	18. 58
12	泾河	龙门至三门峡	140	7. 7	5. 5	139	17. 3	12. 45
13	北洛河（葫芦河）	龙门至三门峡	76. 3	0	0	77. 6	0	0
14	白龙江	嘉陵江	376	20. 6	5. 48	383	5	1. 31

西北诸河区的疏勒河左岸长度 472 km，右岸长度 475 km；开发利用长度左岸 30 km，右岸长度 30 km；开发利用率左岸 6. 36%，右岸 6. 32%。黑河左岸长度 466 km，右岸长度 466 km；开发利用长度左岸 42. 2 km，右岸 32. 2 km；开发利用率左岸 9. 06%，右岸 6. 91%。石羊河左岸长度 955. 8 km，右岸长度 959. 9 km；开发利用长度左岸 29 km，右岸 16. 7 km；开发利用率左岸 3. 03%，右岸 1. 74%。

黄河流域中，黄河干流左岸长度 1 002 km，右岸长度 1 005 km；开发利用长度左岸 96. 1 km，右岸 118. 7 km；开发利用率左岸 9. 59%，右岸 11. 81%。大夏河左岸长度 197 km，右岸长度 201 km；开发利用长度左岸 18. 1 km，右岸 25. 5 km；开发利用率左岸 9. 19%，右岸 12. 69%。洮河左岸长度 589 km，右岸长度 580 km；开发利用长度左岸 14. 26 km，右岸 34. 26 km；开发利用率左岸 2. 42%，右岸 5. 91%。湟水河左岸长度 68. 8 km，右岸长度 69 km；开发利用长度左岸 5 km，右岸 6 km；开发利用率左岸 7. 27%，右岸 8. 70%。大通河左岸长度 68. 6 km，右岸长度 68. 4 km；开发利用长度左岸 7 km，右岸 6 km；开发利用率左岸 10. 2%，右岸 8. 77%。渭河左岸长度 310 km，右岸长度 311 km；开发利用长度左岸 37. 79 km，右岸 57. 79 km；开发利用率左岸 12. 19%，右岸

18.58%。泾河左岸长度140 km,右岸长度139 km;开发利用长度左岸7.7 km,右岸17.3 km;开发利用率左岸5.5%,右岸12.45%。北洛河(葫芦河)左岸长度76.3 km,右岸长度77.6 km,目前尚未开发利用。

长江流域的白龙江左岸长度376 km,右岸长度383 km;开发利用长度左岸20.6 km,右岸5 km;开发利用率左岸5.48%,右岸1.31%。

3.4.4 河流岸线开发利用存在问题

(1)岸线利用管理体制不顺,缺乏有效的协调机制。岸线的开发利用管理涉及水利、国土、交通等部门,部门间、行业间、流域管理和行政区域管理之间缺乏有效的沟通与协调机制,对岸线的防洪、供水、航运、生态环境保护以及开发利用功能缺乏统筹,给河道湖泊岸线资源的利用管理带来了一定的难度。

(2)岸线利用缺乏统一规划,已有规划权威性不够。长期以来,河湖岸线界定没有统一的规范和标准,岸线范围界定不够明确,难以确定岸线利用项目涉及的区域是否侵占河道,是否影响河流防洪、供水、航运安全以及水生态环境等。综合规划和专业规划从宏观层面进行约束,不具备操作层面的政策和制度抓手。岸线利用规划在具体实施中也面临着法律效力不足、管控手段不够等问题,难以从根本上有效规范和调节岸线利用行为。

(3)岸线利用管理制度不完善,管理依据不足。长期以来,在岸线开发利用中往往单纯注重局部效益,而忽视防洪、供水安全和生态环境功能,使得水功能交叉、工程相互干扰、抢占岸线等矛盾日益突出。在日益剧增的岸线开发利用压力下,岸线管理制度不完善、管理依据不足更加剧了岸线的无序与过度开发局面。

(4)岸线利用管理权责不清,管理手段严重落后。岸线的管理涉及水利、国土、交通、航运、市政、环保等行业或部门,对岸线的防洪、供水、航运、生态环境监管缺乏统筹协调,部门间或行业间缺乏统一协调,各职能部门权责不明,各自为政,多头管理,缺乏有效的管控手段,管理手段严重落后。

3.5　河流纵向连通性

甘肃省纳入河流纵向连通性调查范围的河流共12条，分别为疏勒河、黑河、石羊河、黄河干流（河口镇以上）、大夏河、洮河、湟水、大通河、渭河、泾河、北洛河（葫芦河）和白龙江。调查内容包括水库、闸坝、电站、橡胶坝等。

据统计，12条重点河流干流段共有各类拦水建筑物198座，其中水电站158座，引水枢纽15座，水库12座，橡胶坝8座，滚水坝、闸坝5座。拦水建筑物中水电站数量最多，占总数的79.80%。

按流域统计，疏勒河10座，黑河16座，石羊河17座，黄河干流8座，大夏河28座，洮河40座，湟水10座，大通河15座，渭河10座，泾河6座，北洛河（葫芦河）1座，白龙江37座。

甘肃省重点河流干流拦水建筑物统计见表3-8。

表3-8　甘肃省重点河流干流拦水建筑物统计　　单位：座

河流	水电站	引水枢纽	橡胶坝	水库	滚水坝	闸坝	合计
疏勒河	5	2	0	2	0	1	10
黑河	10	2	2	0	0	2	16
石羊河	9	2	0	6	0	0	17
黄河干流	8	0	0	0	0	0	8
大夏河	27	0	1	0	0	0	28
洮河	40	0	0	0	0	0	40
湟水	9	1	0	0	0	0	10
大通河	13	2	0	0	0	0	15
渭河	0	6	2	0	2	0	10
泾河	0	0	3	3	0	0	6
北洛河（葫芦河）	0	0	0	1	0	0	1
白龙江	37	0	0	0	0	0	37
合计	158	15	8	12	2	3	198

按行政区统计,酒泉市11座,张掖市23座,金昌市8座,武威市1座,兰州市30座,白银市1座,临夏州19座,定西市20座,天水市10座,平凉市4座,庆阳市3座,甘南州51座,陇南市17座。

甘肃省各市州重点河流干流拦水建筑物统计见表3-9。

表3-9　甘肃省各市州重点河流干流拦水建筑物统计　　单位:座

行政区	水电站	引水枢纽	橡胶坝	水库	滚水坝	闸坝	小计
酒泉市	5	3	0	2	0	1	11
嘉峪关市	0	0	0	0	0	0	0
张掖市	16	1	2	2	0	2	23
金昌市	3	2	0	3	0	0	8
武威市	0	0	0	1	0	0	1
兰州市	27	3	0	0	0	0	30
白银市	1	0	0	0	0	0	1
临夏州	19	0	0	0	0	0	19
定西市	20	0	0	0	0	0	20
天水市	0	6	2	0	2	0	10
平凉市	0	0	3	1	0	0	4
庆阳市	0	0	0	3	0	0	3
甘南州	50	0	1	0	0	0	51
陇南市	17	0	0	0	0	0	17
合计	158	15	8	12	2	3	198

第 4 章

湖泊水生态调查

4.1 湖泊水位及面积变化、干涸情况分析

4.1.1 甘肃省湖泊概况

甘肃省降水严重不足，水资源匮乏，天然湖泊稀少。受地形地貌条件影响，甘肃省湖泊大多数为河流尾间或终端湖。据统计，甘肃省有天然湖泊 11 个，常年水面面积 1 km^2 及以上湖泊 7 个，常年水面面积小于 1 km^2 的 4 个。在全省湖泊中，西北诸河区 7 个，分别为苏干湖、小苏干湖、月牙泉、德勒诺儿、河西新湖、干海子、青土湖；黄河流域 2 个，分别为尕海湖、震湖；嘉陵江流域 1 个，为文县天池。

甘肃省湖泊基本概况名录见表 4-1。

表 4-1 甘肃省湖泊基本概况名录

序号	湖泊名称	水资源一级区	水资源二级区	地级行政区	县级行政区	湖泊面积/km^2
1	月牙泉	西北诸河区	河西走廊内陆河	酒泉市	敦煌市	0.015
2	德勒诺儿	西北诸河区	河西走廊内陆河	酒泉市	肃北县	1.2
3	河西新湖	西北诸河区	河西走廊内陆河	酒泉市	肃北县	9.64
4	苏干湖	西北诸河区	河西走廊内陆河	酒泉市	阿克塞县	108.56
5	小苏干湖	西北诸河区	河西走廊内陆河	酒泉市	阿克塞县	12.64
6	干海子	西北诸河区	河西走廊内陆河	酒泉市	玉门	0
7	青土湖	西北诸河区	河西走廊内陆河	武威市	民勤县	16.07
8	震湖	黄河区	兰州至河口镇	白银市	会宁县	1.65
9	尕海湖	黄河区	龙羊峡至兰州	甘南州	碌曲县	19.13
10	冶海	黄河区	龙羊峡至兰州	甘南州	临潭县	0.5
11	天池	长江	嘉陵江	陇南市	文县	0.88

注：表中湖泊面积为《甘肃省第一次全国水利普查成果》中数据。

4.1.2　调查评价湖泊概况

结合甘肃省实际,本次甘肃省调查评价湖泊 7 个。按照水资源一级区划分,西北诸河区 5 个,黄河流域 1 个,长江流域 1 个。

西北诸河区湖泊 5 个,分别是苏干湖、小苏干湖、干海子、德勒诺儿和青土湖。苏干湖地处阿尔金山、党河南山与赛什腾山之间的花海子-苏干湖盆地的色勒屯(海子)草原西北端,为哈尔腾盆地最低处,北距阿克塞县城 80 km,湖心地理坐标为东经 93°54′,北纬 38°52′,至 2016 年底湖泊面积 108.56 km^2,最大水深 1.58 m,划为生态敏感区。小苏干湖位于苏干湖的北部,湖心地理坐标为东经 94°13′,北纬 39°03′,至 2016 年底湖泊水域面积 12.64 km^2,最大水深 0.9 m,划为生态敏感区。干海子位于甘肃省玉门市区西北 70 km 处,中心地理坐标为东经 98°02′,北纬 40°24′,地处马鬃山和大红山之间广阔沙漠戈壁前沿,是一个天然积水湖泊,属咸水湖。自 1996 年天然积水湖泊开始萎缩,1998 年完全干涸,2003—2009 年湖泊间或有一些积水,至 2016 年湖泊完全干涸,划为生态敏感区。德勒诺儿属祁连山西端野马山群峰中一处高山湖泊,位于党河支流野马河右侧山谷,行政区划属甘肃省酒泉市肃北县,湖心地理坐标为东经 96°41′,北纬 39°33′,至 2016 年底湖泊面积 1.2 km^2,划为生态敏感区。青土湖是石羊河的尾闾湖,位于甘肃省武威市民勤县境内,湖心地理坐标为东经 103°38′,北纬 39°08′,至 2016 年湖泊面积 16.07 km^2,划为生态敏感区。

黄河流域调查湖泊为尕海湖,地处洮河上游支流周科河源头处,是少有而宝贵的天然湖泊之一,位于甘肃省碌曲县西南部,被誉为“高原明珠”,湖泊水面高程 3 479.7 m,湖心地理坐标为东经 102°20′,北纬 34°13′,至 2016 年底,湖泊面积 19.13 km^2,最大水深 2.13 m,划为生态敏感区。

长江流域调查湖泊为天池,属高山堰塞湖类型的淡水湖泊,地处白龙江一级支流羊汤河上游,地处陇南市文县天池乡,湖心地理坐标为东经 104°44′,北纬 33°15′,至 2016 年底湖泊面积 0.88 km^2,划为生态敏感区。

甘肃省调查评价湖泊现状基本情况见表4-2。

表4-2 甘肃省调查评价湖泊现状基本情况

序号	湖泊名称	水资源一级区	水资源二级区	地级行政区	县级行政区	湖泊面积/km^2	备注（是否划为生态敏感区）
1	德勒诺儿	西北诸河区	河西走廊内陆河	酒泉市	肃北县	1.2	是
2	苏干湖	西北诸河区	河西走廊内陆河	酒泉市	阿克塞县	108.56	是
3	小苏干湖	西北诸河区	河西走廊内陆河	酒泉市	阿克塞县	12.64	是
4	干海子	西北诸河区	河西走廊内陆河	酒泉市	玉门	0	是
5	青土湖	西北诸河区	河西走廊内陆河	武威市	民勤县	16.07	是
6	尕海湖	黄河区	龙羊峡至兰州	甘南州	碌曲县	20.5	是
7	天池	长江	嘉陵江	陇南市	文县	0.88	是

注：表中湖泊面积为评价现状年2016年的湖泊面积。

4.1.3 湖泊水位水量变化情况

4.1.3.1 内陆河流域

德勒诺儿也叫“野马峰天池”。湖泊呈马蹄形，湖泊水量受四周山沟径流和大气降水制约，温暖的丰水年，水面宽阔，水草茂盛，景色美丽。2001—2016年，德勒诺儿湖泊最大深度5 m，目前暂无水量观测数据。

苏干湖也叫大苏干湖，地跨甘肃省和青海省，海拔2 800 m左右，属于内陆高寒半干旱气候，多年平均气温在0 ℃左右，湖水平均矿化度为31.83 g/L，属咸水湖，水质不满足人饮和灌溉要求。苏干湖水源主要来源于大、小哈尔腾河潜流，河水主要是由冰雪融化和泉水汇流而成，经过地表水与地下水两次转化，最终汇入苏干湖。2001—2016年，苏干湖最大深度1.58 m，湖泊蓄水量1.72万m^3。

小苏干湖位于阿克塞哈萨克族自治县境内，距县城55 km，与苏干湖相距约20 km，湖水出流经西南部的外泄口注入苏干湖，平均矿化度

1.63 g/L，属硫酸钠亚型内陆微咸水湖。2001—2016 年，小苏干湖最大水深 0.9 m，湖泊蓄水量 0.24 万 m^3。

青土湖原名潴野泽、百亭海，曾是甘肃省民勤县境内最大的湖泊，后因绿洲内地表水急剧减少，地下水位大幅下降，周边诸多湖泊萎缩，再加上石羊河下游红崖山水库的建设，使得青土湖的补水通道遭到了毁灭性的破坏，于 1959 年完全干涸沙化。自 2007 年开始，随着石羊河流域重点治理项目的实施，经过 3 年的生态治理，2010 年青土湖重现碧波。至 2016 年底湖泊水深增加到 3.53 m，湖泊蓄水量增加到 1 794 万 m^3。

4.1.3.2　黄河流域

自 20 世纪 60 年代后期，尕海湖所在区域降水量减少，而蒸发量增大，地下水位下降，尕海湖也曾于 1995 年、1997 年、2001 年经历了罕见的 3 次干涸。尕海湖 1980—2000 年平均水深 1.75 m，至 2016 年，水深 2.13 m，水深增加 0.38 m。1980—2000 年湖泊平均蓄水量 820 万 m^3，2001—2016 年平均蓄水量 3 825 万 m^3，蓄水增加了 3 005 万 m^3。

4.1.3.3　长江流域

天池的形成是由山体岩崩封堵山涧，潴水成湖。文县天池镶嵌在陇南山区万山丛中，形状呈长葫芦形，水位比较稳定，年变化幅度在 2 m 左右，2001—2016 年湖泊蓄水量为 75 万 m^3。

4.1.4　湖泊面积变化情况

利用遥感技术解译 7 个湖泊面积，首先获取不同年代（20 世纪 80 年代、20 世纪 90 年代、2000 年、2010 年和 2017 年）TM 和 ETM 影像，建立 7 个湖泊多时相遥感影像数据集；其次，对遥感影像进行预处理，包括几何校正、大气校正、辐射校正等；最后，采用基于对象影像分析 OBIA 的种子增长法提取湖泊面积，分析湖泊面积的变化。甘肃省调查评价湖泊面积变化情况见表 4-3。

4.1.4.1　内陆河流域

德勒诺儿 20 世纪 80 年代（1986 年）湖泊水面面积 0.85 km^2，20 世纪 90 年代（1993 年）湖泊水面面积 1.02 km^2，2000 年湖泊水面面积 0.99 km^2，2010 年湖泊水面面积 1.24 km^2，2018 年湖泊水面面积 0.66

表 4-3　甘肃省调查评价湖泊面积变化

单位：km^2

序号	湖泊名称	涉及水资源二级区	20 世纪 80 年代	20 世纪 90 年代	2000 年	2010 年	2017 年	干涸年代
1	德勒诺儿	西北诸河区	0.85	1.02	0.99	1.24	0.66	
2	苏干湖	西北诸河区	60.52	64.08	62.08	61.63	73.44	
3	小苏干湖	西北诸河区	12.01	11.90	11.86	11.52	11.89	
4	干海子	西北诸河区	1.50	0.84	0	0	0	1996 年开始萎缩，1998 年完全干涸，2003—2009 年有水，目前干涸
5	青土湖	西北诸河区	0	0	0	0.09	10.29	1959—2009 年干涸，2010 年开始逐年恢复水面
6	尕海湖	黄河区	2.95	4.47	2.75	12.56	7.19	1997 年、1998 年
7	天池	嘉陵江	0.79	0.87	0.82	0.76	0.80	

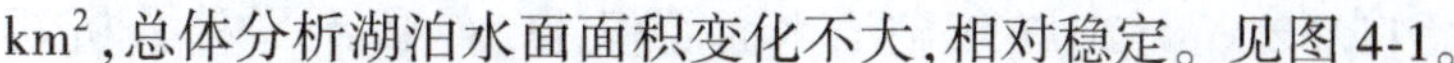

km^2,总体分析湖泊水面面积变化不大,相对稳定。见图 4-1。

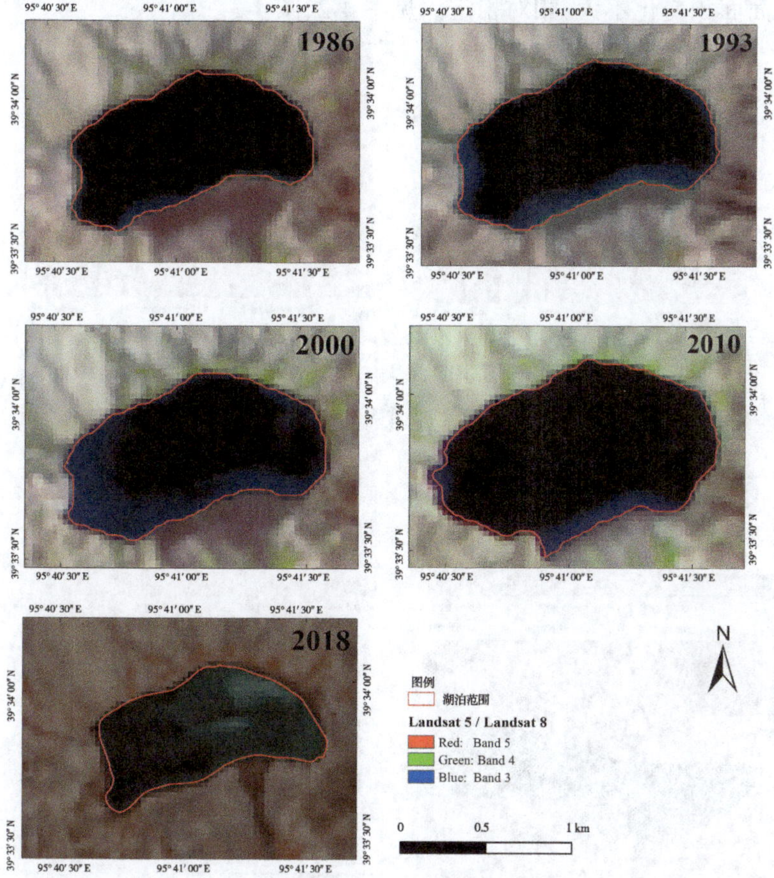

图 4-1　德勒诺儿不同年代面积变化

苏干湖 20 世纪 80 年代(1986 年)湖泊水面面积(省内) 60.52 km^2,20 世纪 90 年代(1993 年)湖泊水面面积(省内) 64.08 km^2,2000 年湖泊水面面积(省内) 62.08 km^2,2010 年湖泊水面面积(省内) 61.63 km^2,2017 年湖泊水面面积(省内)73.44 km^2;小苏干湖 20 世纪 80 年代(1986 年)湖泊水面面积 12.01 km^2,20 世纪 90 年代(1993 年)湖泊水面面积 11.90 km^2,2000 年湖泊水面面积 11.86 km^2,2010 年湖

泊水面面积 11.52 km^2,2017 年湖泊水面面积 11.89 km^2,总体分析湖泊水面面积变化不大,相对稳定。见图 4-2、图 4-3。

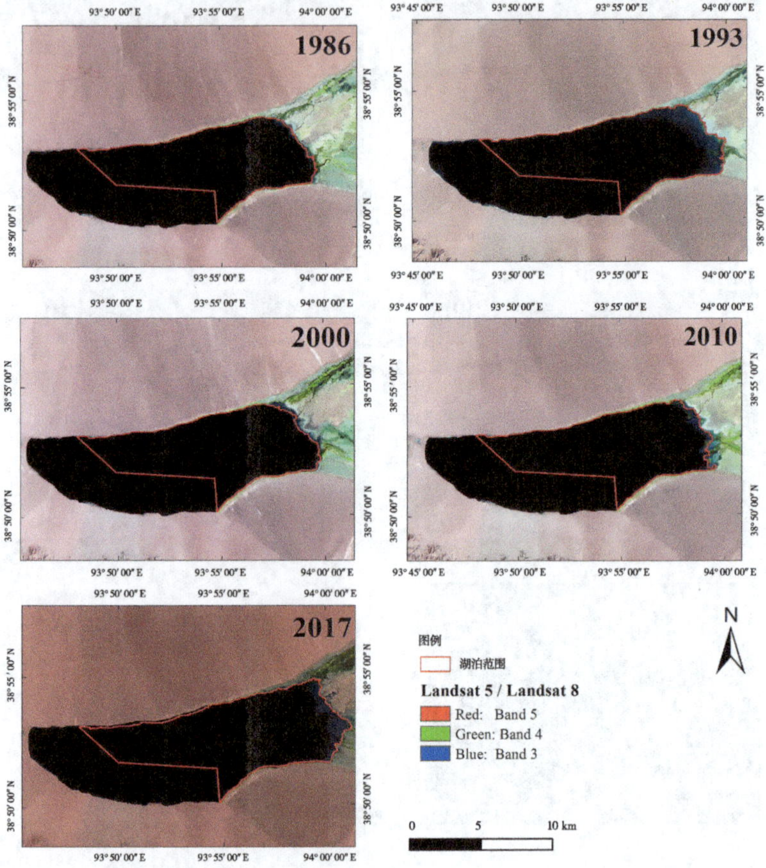

图 4-2　苏干湖不同年代面积变化

干海子是沙质平原上内陆河流域一个小型永久性微咸水天然积水湖泊,主要水源是疏勒河流域等南部河流渗入的地下水,以泉水形式由西向东经北石河汇入干海子。根据解译结果,干海子 20 世纪 80 年代(1986 年)湖泊水面面积 1.50 km^2,20 世纪 90 年代(1992 年)湖泊水面面积 0.84 km^2,1998 年完全干涸,2003 年通过生态治理、人工输水等措

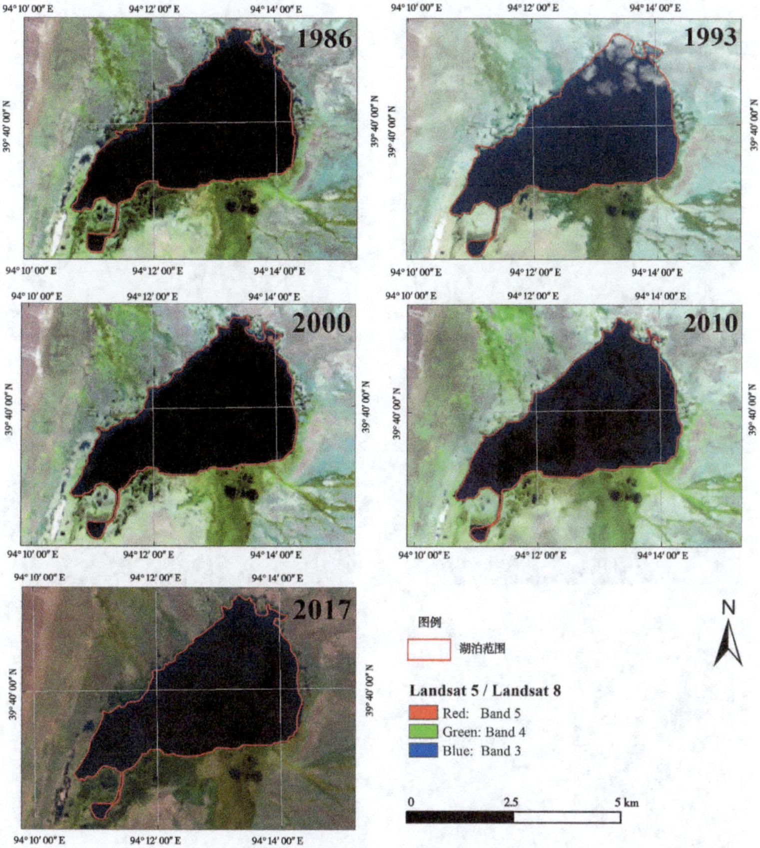

图 4-3　小苏干湖不同年代面积变化

施,使湖泊在 2003—2009 年重现碧波。但自 2016 年底,由于输入线路长、蒸发量大、水量不足、保证程度不高,加之年内水量不稳定等因素影响,导致干海子目前再次干涸。干海子不同年代面积变化见图 4-4。

青土湖 1957—2010 年完全干涸,通过实施流域重点治理项目,注入生态用水,2010—2016 年湖泊水面面积增加到 16.07 km^2,见图 4-5。

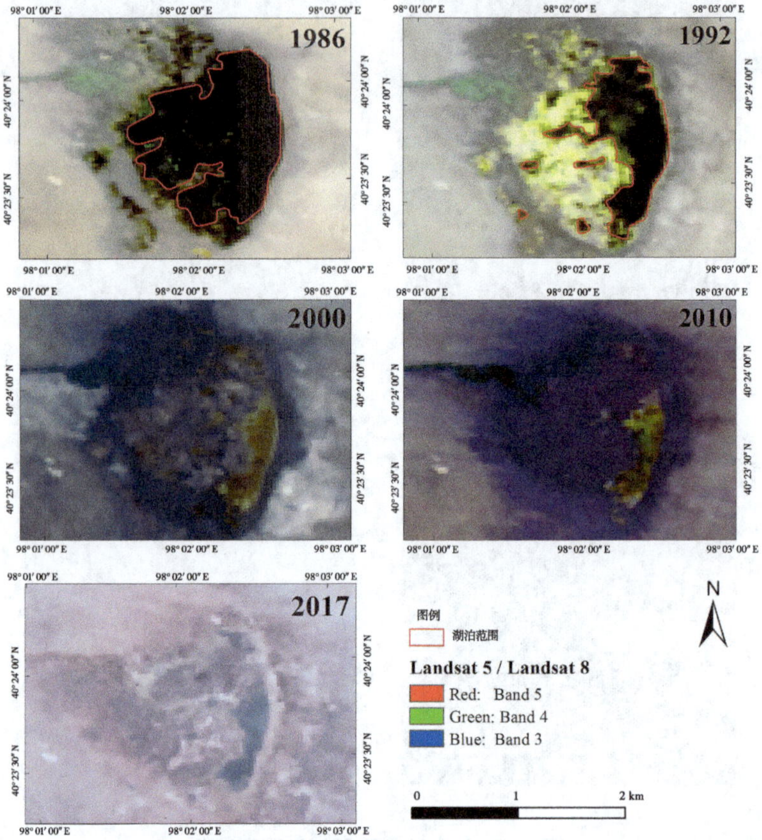

图 4-4 干海子不同年代面积变化

4.1.4.2 黄河流域

尕海湖 20 世纪 80 年代(1988 年)湖泊水面面积 2.95 km²,20 世纪 90 年代(1993 年)湖泊水面面积 4.47 km²,2000 年湖泊水面面积 2.75 km²,2010 年湖泊水面面积 12.56 km²,2017 年湖泊水面面积 7.19 km²,见图 4-6。

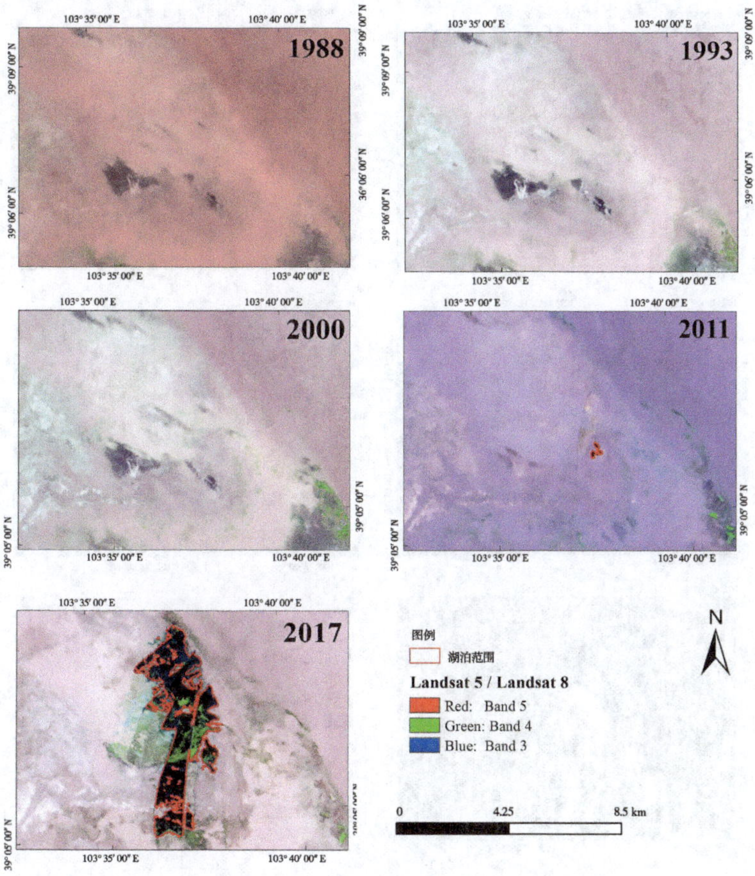

图 4-5　青土湖不同年代面积变化

4.1.4.3　长江流域

天池 20 世纪 80 年代(1988 年)湖泊水面面积 0.79 km^2,20 世纪 90 年代(1992 年)湖泊水面面积 0.87 km^2,2000 年湖泊水面面积 0.82 km^2,2009 年湖泊水面面积 0.76 km^2,2018 年湖泊水面面积 0.80 km^2,湖泊水面面积相对稳定,见图 4-7。

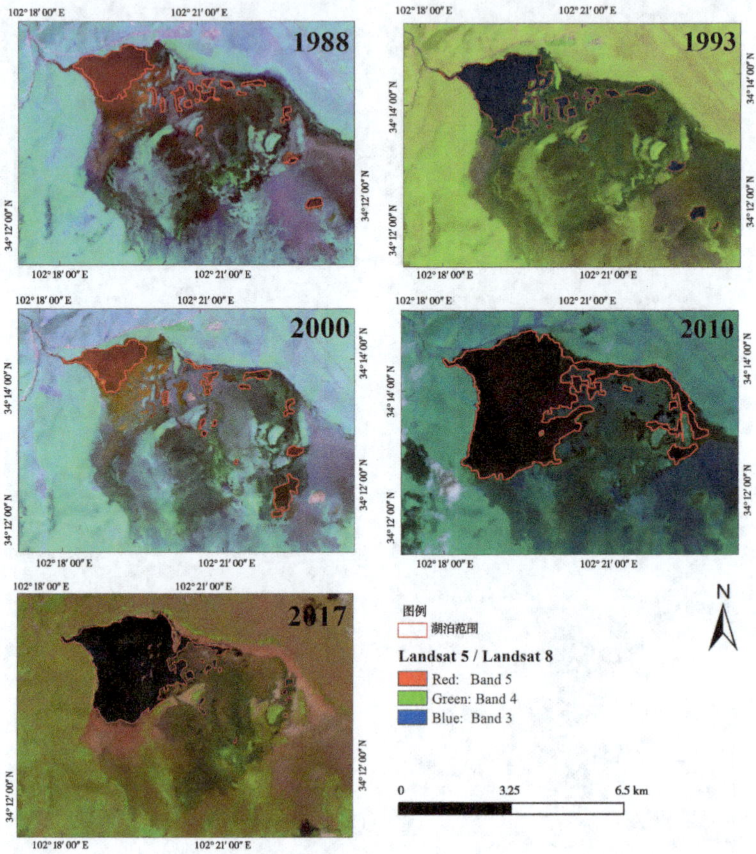

图 4-6　尕海湖不同年代面积变化

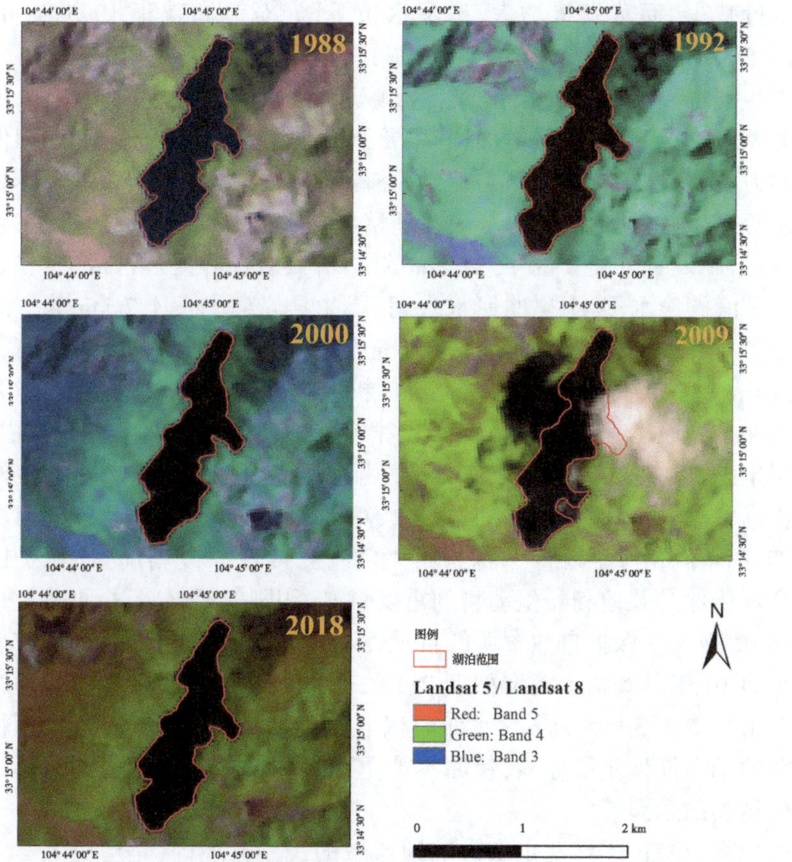

图 4-7　天池不同年代面积变化

4.2　湖泊水生态状况及其变化原因评价

4.2.1　湖泊水位、水量、面积变化原因

尕海湖位于甘肃省碌曲县西南部，被誉为“高原明珠”，原水域面积 5.3 km^2，最大水深 2 m，蓄水量 350 万 m^3，20 世纪 60 年代后期，降

水量减少,而蒸发量增大,地下水位下降,尕海湖曾于1995年、1997年、2001年经历了罕见的三次干涸,周边草场退化严重。

据水文气象资料分析,洮河流域近年来的径流均呈减少趋势,但尕海湖水位上升、蓄水量增加,其主要原因是加大了人工修复和湿地保护的力度。采取的措施:一是建设尕海湖核心区围栏,政府采取了草场置换等措施,将湖边的尕海乡政府迁移出核心区,对湖区周边实施围栏禁牧,沿湖设置了高2 m、长21 km的隔离网,对核心区进行保护;二是修建尕海湖滚水坝,引忠曲河水入湖,碌曲县修建了长4.7 km的生态补水渠,将忠曲河水引入尕海湖,补充湖水,同时在西北侧出口修筑了长174 m的梯形拦水坝,以抬高水位,扩大湖水面积;三是实施了尕海湿地保护建设工程项目、中欧生物多样性保护(ECBP)及UNDP-GEF利用生态方法保护洮河流域生物多样性项目、尕尔娘退化湿地恢复项目,提高植被盖度和高度,增加生物量,草地的水源涵养和固土能力有所增加;四是利用"湿地日""保护野生动物宣传月""爱鸟周"向保护区群众宣传保护湿地和野生动物的重要意义,印刷发放画册、折页等宣传资料,增强公众保护自然资源的自觉性。通过一系列的修复和保护措施,至2016年尕海湖水深增加到2.13 m,水深比2000年增加了0.38 m,蓄水量增大3 005万m^3,水面面积增加了14.28 km^2,让曾经间断性干涸的尕海湖恢复了原貌,使原本严重退化的尕海湖成为南迁北返的珍稀鸟类的乐园。

青土湖位于河西走廊内陆河流域的民勤县境内,是历史上石羊河的尾闾湖。据史料记载,19世纪青土湖是民勤县境内的最大湖泊,水域面积达400 km^2,呈现碧波荡漾、野鸭成群的美丽景观。后由于社会经济的快速发展,流域中上游用水量持续增长,地下水超采严重,湖泊开始萎缩,再加上红崖山水库的修建,使青土湖的补水通道遭到了毁灭性的破坏,也破坏了当地的地下水系,导致了这一地区的沙漠化,于1959年完全干涸沙化。2007年开始通过3年的生态治理,向青土湖注入大量的生态用水,截至2016年,湖泊水深增加到3.53 m,湖泊蓄水量增加到1 794万m^3,湖泊水面面积达到16.07 km^2。现在的青土湖碧水粼粼,水草丛生,湖光波影,水鸟争鸣,成群的红嘴鸭、鹭鸶等野生

水鸟都选择在此栖息,呈现出一派和谐的自然生态图景。

内陆河流域的德勒诺儿、苏干湖、小苏干湖和嘉陵江流域的文县天池 4 个湖泊均处于高海拔地区,人类活动干扰不大,水面面积基本稳定,年内随着季节变化,水面面积会有小幅度波动。

4.2.2　湖泊干涸原因评价

干海子在河西走廊内陆河流域甘肃省酒泉市玉门花海镇境内,地处马鬃山和大红山之间广阔的沙漠戈壁前沿,水源由南部河流渗入的地下水在向北运动的过程中,以泉水形式沿洪积扇前缘开始溢出地表继而形成泉水河,由西向东通过北石河汇入干海子,是一个小型永久性微咸水天然积水湖泊。

20 世纪七八十年代,干海子水面面积最大时达 5 336 km^2,1989 年干海子水面面积 2 km^2,海子中心水深 7 m 左右。至 1995 年,湖泊水面星星点点,积水最深处可及成人腰部。1996 年开始萎缩,到 1998 年水面彻底消失,干海子随之干涸,大量植被干旱死亡,保护区湿地萎缩,生物多样性降低,候鸟种类及数量日趋减少。有研究表明,干海子生态环境退化是由于气候变暖,祁连山雪线和冰川大幅度退缩,使得地表潜流的泉水河断流时间逐渐加长,干海子得不到水源供给。人为因素对干海子的影响也较为明显,随着社会经济迅速发展,流域人口大量增加,复垦、新垦耕地现象十分普遍。据统计,近 30 年来,花海镇就新增人口 5 868 人,耕地面积增加了 1.3 万亩,实际灌溉面积超过 10 万亩,远期规划将达到 18 万亩。耕地面积增加,导致灌溉水量剧增,河道水量锐减,直接影响到干海子湿地地表水对地下水的补给,湖泊、湿地及周围天然生态林受到影响。

干海子干涸,绿色屏障的功能退化,北部荒漠逼近,使得玉门市生态环境危机加剧。2002 年,玉门市林业部门向玉门市政府呈递《关于对干海子进行人工输水工程的报告》。2003 年,旨在恢复干海子自然保护区生态的输水工程方案得以实施。第一套方案于 2003 年 7 月开始输水,由玉门青山水库通过农垦黄花农场所属的东北干渠向北石河、干海子输水,流经 145 km。但由于输水线路过长,下泄 560 万 m^3 水量,流经不到一半路程便消失在荒漠流沙中。同年秋,第二套方案启动,从赤峡水库放水,途经山水沟、头墩至北石河,再流入干海子,全长35 km。赤峡水库每年冬季发电后下泄水量1 500多万m^3,在春季冰雪消融后流入干海子。经过多年连续跨流域输水,干涸了10年的干海子重现“碧水连天、候鸟翔集”的景象,不仅形成了1 000多亩的水域面积,输水沿线的105万亩红柳等天然植被也迸发出勃勃生机,一度销声匿迹的候鸟也重返干海子。截至2009年5月,上游水库共向干海子输水约1.43亿m^3。但2010年以来,由于输水与上游农业灌溉发生矛盾,下泄水量有限,蒸发量大,输水线路长,保证程度不高,导致上游下泄的水流流不到干海子。

第5章

湿地水生态调查

5.1 湿地面积变化分析

5.1.1 甘肃省各类湿地概况

根据《甘肃省湿地资源调查报告》,甘肃省内分布的各类湿地总面积16 939.46 km^2,湿地分为天然湿地和人工湿地两大类。从湿地类型来看,甘肃省内分布的自然湿地占绝大多数,面积16 424.11 km^2,占全省湿地总面积的96.96%;人工湿地面积515.35 km^2,占全省湿地总面积的3.04%。省内已建立以保护湿地生态系统为主要保护对象的保护区11处,湿地总面积6 748.63 km^2,占全省湿地总面积的39.84%(其中国际重要湿地1处,国家重要湿地4处,湿地总面积2 586.23 km^2)。国家湿地公园2处,湿地总面积12.23 km^2,占全省湿地总面积的0.07%(其中张掖国家湿地公园湿地面积9.62 km^2,兰州秦王川国家湿地公园湿地面积2.60 km^2)。小陇山国家级自然保护区等其他类型保护区12处,湿地面积2 158.52 km^2,占全省湿地总面积的12.74%。全省湿地率3.98%。受到有效保护的湿地面积8 733.25 km^2,保护率51.56%。

5.1.2 各类型湿地面积

根据《甘肃省湿地资源调查报告》,全省有湿地4类16型,其中天然湿地有河流湿地、湖泊湿地、沼泽湿地3类12型,人工湿地有库塘、输水渠、水产养殖场、盐田4型,水稻田未列入湿地类型和面积统计。从湿地类型来看,甘肃省内分布的河流湿地面积3 816.78 km^2,占湿地总面积的22.53%;湖泊湿地面积159.10 km^2,占湿地总面积的0.94%;沼泽湿地面积12 448.23 km^2,占湿地总面积的73.49%;人工湿地面积515.35 km^2,占湿地总面积的3.04%。

5.1.3　符合本次调查范围的湿地面积

调查对象为天然陆域湿地，且湿地退化前常年面积 1 km^2 及以上，调查分类包括沼泽湿地、洪泛平原湿地、三角洲湿地等 3 种类型。甘肃省纳入本次调查范围的湿地共 7 个。其中：

西北诸河区湿地 4 个。敦煌西湖湿地位于河西走廊内陆河酒泉市敦煌市境内，盐池湾保护区湿地位于河西走廊内陆河酒泉市肃北蒙古族自治县境内，干海子湿地位于河西走廊内陆河酒泉市玉门市境内，祁连山地草甸湿地位于河西走廊内陆河张掖市肃南、民乐县交界处。

黄河区湿地 2 个。黄河首曲沼泽草甸湿地位于黄河龙羊峡以上甘南州玛曲县境内，尕海草甸湿地位于黄河龙羊峡以上甘南州碌曲县境内。

长江区湿地 1 个。小陇山湿地位于嘉陵江上游陇南市徽县、两当县交界处。

5.1.4　湿地面积变化情况

利用遥感技术解译 7 个湿地面积。首先，获取不同年代（20 世纪 80 年代、20 世纪 90 年代、2000 年、2010 年和 2017 年）TM 和 ETM 影像，建立 7 个湿地多时相遥感影像数据集；其次，对遥感影像进行预处理，包括几何校正、大气校正、辐射校正等；最后，采用最邻近分类法区分湿地和一般草地及周边非植被湿地，分析湿地面积的变化。

5.1.4.1　内陆河流域

甘肃省河西内陆河流域共有符合本次调查评价要求的湿地 4 个。主要包括：

（1）敦煌西湖湿地。20 世纪 80 年代湿地面积 966.53 km^2，20 世纪 90 年代湿地面积 950.82 km^2，2000 年湿地面积 766.19 km^2，2010 年湿地面积 675.07 km^2，2017 年湿地面积 895.27 km^2。

（2）盐池湾保护区湿地。20 世纪 80 年代湿地面积 1 515.58 km^2，20 世纪 90 年代湿地面积 1 459.42 km^2，2000 年湿地面积 1 441.63

km^2,2010 年湿地面积 1 410. 03 km^2,2017 年湿地面积 1 537. 95 km^2。

(3)干海子湿地。20 世纪 80 年代湿地面积 3. 63 km^2,20 世纪 90 年代湿地面积 2. 20 km^2,2000 年湿地面积 2. 14 km^2,2010 年湿地面积 1. 66 km^2,2017 年湿地面积 0. 45 km^2。

(4)祁连山地草甸湿地。20 世纪 80 年代湿地面积 2 016. 86 km^2,20 世纪 90 年代湿地面积 1 956. 35 km^2,2000 年湿地面积 1 809. 34 km^2,2010 年湿地面积 1 828. 34 km^2,2017 年湿地面积 1 880. 37 km^2。

5. 1. 4. 2　黄河流域

甘肃省黄河流域共有符合本次调查评价要求的湿地 2 个。主要包括:

(1)黄河首曲沼泽草甸湿地。20 世纪 80 年代湿地面积 1 158. 97 km^2,20 世纪 90 年代湿地面积 1 126. 63 km^2,2000 年湿地面积 1 112. 41 km^2,2010 年湿地面积 1 090. 97 km^2,2017 年湿地面积 1 110. 66 km^2。

(2)尕海草甸湿地。20 世纪 80 年代湿地面积 33. 03 km^2,20 世纪 90 年代湿地面积 38. 61 km^2,2000 年湿地面积 30. 38 km^2,2010 年湿地面积 32. 18 km^2,2017 年湿地面积 10. 55 km^2。

5. 1. 4. 3　长江流域

甘肃省长江流域符合本次调查评价要求的湿地 1 个,为小陇山湿地。20 世纪 80 年代湿地面积 10. 95 km^2,20 世纪 90 年代湿地面积 11. 22 km^2,2000 年湿地面积 11. 1 km^2,2010 年湿地面积 10. 86 km^2,2017 年湿地面积 10. 45 km^2。

小陇山湿地面积变化不大;干海子湿地逐渐萎缩;其余湿地面积呈现先减少后增加的趋势,以 2010 年为拐点,近年来湿地面积逐渐恢复。甘肃省水资源调查评价湿地基本情况见表 5-1,变化情况见表 5-2。

表 5-1　甘肃省水资源调查评价湿地基本情况

序号	湿地名称	湿地类型	水资源一级区	水资源二级区	地级行政区	县级行政区	是否生态敏感区
1	敦煌西湖湿地	沼泽湿地	西北诸河区	河西走廊内陆河	酒泉市	敦煌市	是
2	盐池湾保护区湿地	沼泽湿地	西北诸河区	河西走廊内陆河	酒泉市	肃北蒙古族自治县	否
3	干海子湿地	沼泽湿地	西北诸河区	河西走廊内陆河	酒泉市	玉门市	是
4	祁连山地草甸湿地	沼泽湿地	西北诸河区	河西走廊内陆河	张掖市	肃南、民乐	是
5	黄河首曲沼泽草甸湿地	沼泽湿地	黄河区	龙羊峡以上	甘南州	玛曲县	是
6	尕海草甸湿地	沼泽湿地	黄河区	龙羊峡至兰州	甘南州	碌曲县	是
7	小陇山湿地	沼泽湿地	长江	嘉陵江	陇南市	徽县、两当县	否

表 5-2　甘肃省水资源调查评价湿地面积变化情况

单位：km^2

序号	湿地名称	湿地类型	水资源二级区	20 世纪 80 年代	20 世纪 90 年代	2000 年	2010 年	2017 年
1	敦煌西湖湿地	沼泽湿地	河西走廊内陆河	966.53	950.82	766.19	675.07	895.27
2	盐池湾保护区湿地	沼泽湿地	河西走廊内陆河	1 515.58	1 459.42	1 441.63	1 410.03	1 537.95
3	干海子湿地	沼泽湿地	河西走廊内陆河	3.63	2.20	2.14	1.66	0.45
4	祁连山地草甸湿地	沼泽湿地	河西走廊内陆河	2 016.86	1 956.35	1 809.34	1 828.34	1 880.37
5	黄河首曲沼泽草甸湿地	沼泽湿地	龙羊峡以上	1 158.97	1 126.63	1 112.41	1 090.97	1 110.66
6	尕海草甸湿地	沼泽湿地	龙羊峡至兰州	33.03	38.61	30.38	32.18	10.55
7	小陇山湿地	沼泽湿地	嘉陵江	10.95	11.22	11.1	10.86	10.45

5.2　湿地水生态状况及其变化原因评价

通过分析,20 世纪 80 年代以来甘肃省湿地面积变化总体上呈先减少后增加的趋势,近年来通过人工修复,湿地面积和生物多样性逐年恢复,但与 20 世纪 80 年代相比,仍略有减少。甘肃省尕海草甸湿地变化特征见图 5-1。小陇山湿地位于甘肃小陇山国家级自然保护区,受人类活动干扰较少,湿地面积基本稳定,其变化特征见图 5-2。

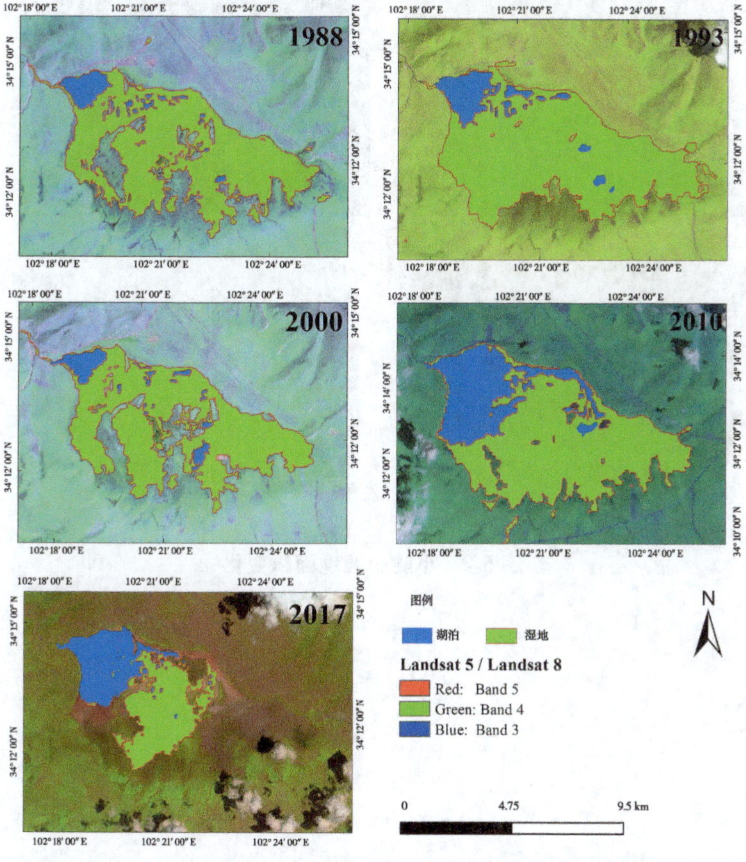

图 5-1　尕海湿地面积变化

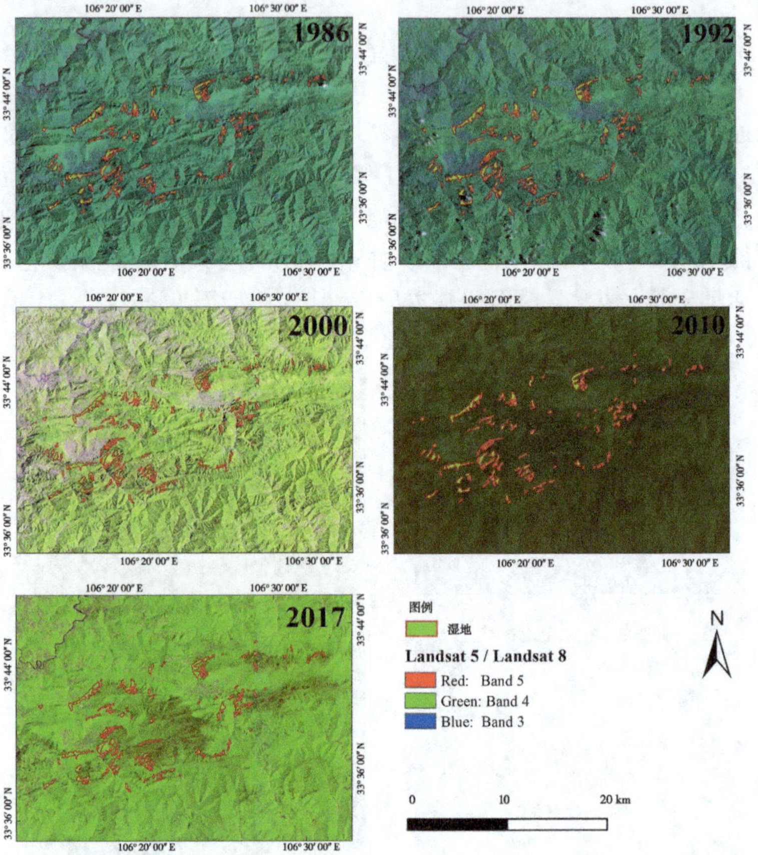

图 5-2 小陇山湿地面积变化

第 6 章

地下水超采状况调查

6.1 地下水超采区复核

6.1.1 总体要求

2003年,根据《水利部关于做好地下水超采区划定工作的通知》(办资源〔2003〕第150号)要求,甘肃省进行了地下水超采区划定,2012—2014年,水利部开展了全国地下水超采区评价工作,甘肃省地下水超采区评价工作同步开展。评价依据2001—2010年地下水下降速率、地下水大规模开发利用以来水位累计降幅或含水层疏干率、地下水开采系数、地下水超采诱发的生态与环境地质问题等指标,开展地下水超采区划分工作,最终形成《甘肃省地下水超采区评价报告》。近年来,随着水资源条件、地下水取用水情况等因素的变化以及地下水超采区治理工作的不断加强,甘肃省地下水超采状况发生了较大变化。本次调查评价在《甘肃省地下水超采区评价报告》成果的基础上,根据地下水开发利用以及地下水埋深等资料,对地下水超采区范围、面积、超采量等进行了复核。地下水超采区分为平原区的浅层地下水超采区和深层承压水超采区,要求浅层地下水超采区可开采量采用本次评价成果,深层承压水开采量即为超采量。同时,收集整理由于地下水不合理开采引发的地面沉降、地面塌陷、地裂缝、草原或绿洲退化、土地沙化、海(咸)水入侵等资料,分析地下水超采造成的生态环境问题,其目的是在查清地下水开发利用状况的基础上,核实超采状况,在地下水开发利用地区,更加科学、合理、有序地开发利用地下水资源,促进区域地下水资源的可持续利用,为保障经济社会的可持续发展、保护生态环境、再造山川秀美的新甘肃提供科学依据。

6.1.2 地下水开发利用现状

6.1.2.1 机电井数量

截至2016年,全省共有地下水取水井22.27万眼,取水量24.79亿m^3。其中:规模以上机电井(井口井管内径大于或等于200 mm的

灌溉机电井、日取水量大于或等于 20 m^3 的供水机电井)6.52 万眼,规模以下机电井(井口井管内径小于 200 mm 的灌溉机电井、日取水量小于 20 m^3 的供水机电井)15.75 万眼。

6.1.2.2　开采量变化调查

据已有资料统计,20 世纪 70 年代全省地下水年均开采量为 17.28 亿 m^3,其中:内陆河流域 14.16 亿 m^3,黄河流域 3.10 亿 m^3,长江流域 0.02 亿 m^3。

20 世纪 80 年代地下水年均开采量为 20.45 亿 m^3,其中:内陆河流域 17.25 亿 m^3,黄河流域 3.12 亿 m^3,长江流域 0.08 亿 m^3。

20 世纪 90 年代地下水年均开采量为 28.54 亿 m^3,其中:内陆河流域 21.08 亿 m^3,黄河流域 6.78 亿 m^3,长江流域 0.68 亿 m^3。

2000 年全省地下水开采量 35.06 亿 m^3,其中:内陆河流域 27.82 亿 m^3,黄河流域 6.42 亿 m^3,长江流域 0.82 亿 m^3。

2010 年全省地下水开采量 33.11 亿 m^3,其中:内陆河流域 27.81 亿 m^3,黄河流域 4.82 亿 m^3,长江流域 0.48 亿 m^3。

2016 年全省地下水开采量 24.79 亿 m^3,其中:内陆河流域 20.31 亿 m^3,黄河流域 4.09 亿 m^3,长江流域 0.39 亿 m^3。

甘肃省地下水开采量变化比较见图 6-1、表 6-1。

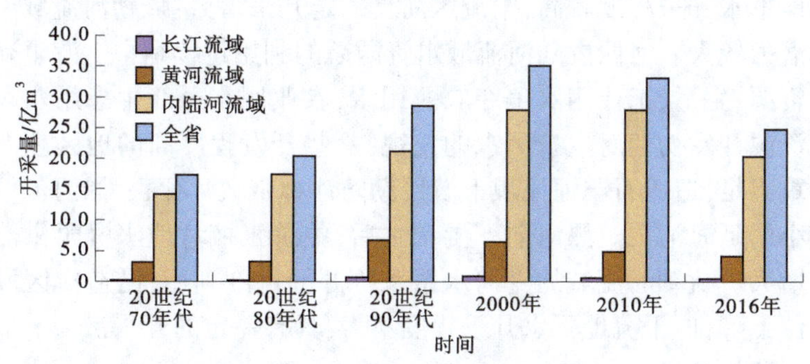

图 6-1　甘肃省地下水开采量变化比较

由图 6-1 和表 6-1 可以看出,2000 年以前,甘肃省地下水开采量各年代呈大幅上升趋势,地下水开采量增长地区主要是内陆河流域,黄河、长江流域地下水开采量增长较缓。随着最严格水资源管理制度的落实,2000 年以后,全省地下水开采量呈减少趋势,2016 年地下水开采量为 24.79 亿 m^3,比 2000 年减少 10.27 亿 m^3,其中:长江流域减少 0.43 亿 m^3,黄河流域减少 2.33 亿 m^3,内陆河流域减少 7.51 亿 m^3。

表 6-1　甘肃省不同年代地下水开采量统计　　单位:亿 m^3

流域	1970 年代	1980 年代	1990 年代	2000 年	2010 年	2016 年
内陆河流域	14.16	17.25	21.08	27.82	27.81	20.31
黄河流域	3.10	3.12	6.78	6.42	4.82	4.09
长江流域	0.02	0.08	0.68	0.82	0.48	0.39
全省	17.28	20.45	28.54	35.06	33.11	24.79

6.1.2.3　地下水开采潜力分析

2016 年全省共有地下水取水井 22.27 万眼,地下水开采量为 24.79 亿 m^3,其中:内陆河流域开采量 20.31 亿 m^3,黄河流域开采量 4.09 亿 m^3,长江流域开采量 0.39 亿 m^3。

1. 内陆河流域

甘肃省内陆河流域中,石羊河流域已严重超采;黑河流域的北大河水系地下水开采程度较高,干流区尚具一定开采潜力;疏勒河流域干流开采潜力较大。河西内陆河流域水资源总的利用过程是中上游争夺下游水资源,生活、工业用水争夺农业用水,农业用水争夺生态用水。由于水资源开发初期对生态用水的忽视,一些开发程度高的地区生态用水严重不足,造成石羊河流域下游民勤防沙林带大片死亡、黑河流域下游大小居延海消亡。黑河向下游调水后,中游张掖盆地水资源供需矛盾将增大。疏勒河流域的党河水系水资源的过度利用,已造成区域地下水位下降,但干流地下水开采程度不大,具有一定的开采潜力。

2. 黄河流域

黄河上游地带由于地表水资源丰富,地下水利用程度低,开采潜力大。黄河流域的中部干旱区,人口密集,工农业较集中的城镇所处的河谷区,地下水开采量较大,受蓄水构造制约,含水层分布有限,扩大开采

的潜力很小。另外,近年来工业、生活排污已使城镇地下水受到不同程度的污染,使这些地区地下水资源严重短缺。

3. 长江流域

长江流域由于地表水资源丰富,地下水利用程度低,开采潜力大。但该区属于甘肃省西成多金属成矿带,矿产资源的开发及加工已造成局部地区河谷区地表水和地下水的严重污染,使这些地区水资源供需矛盾突出。

6.1.3　地下水超采区复核成果

6.1.3.1　地下水超采区复核

地下水超采区评价对象是平原区浅层地下水,以 2001—2016 年为评价期,对甘肃省地下水超采区进行复核评价。

1. 评价标准

以评价期内年均水位下降速率、评价期内年均地下水开采系数、地下水位累计降幅或疏干率(与 2001 年相比)、地下水开采诱发的环境地质灾害或生态环境恶化问题共 4 项作为主要衡量指标,按下述标准划分超采区:

(1)超采区划分标准。

符合下列条件之一的区域划为超采区:①评价期内地下水位呈持续下降趋势;②评价期内年均地下水开采系数大于 1.0;③与 2001 年相比,潜水和弱承压水水位累计降幅大于 15 m;④由于地下水开采诱发了地面沉降、地面塌陷、地裂缝、土地沙化、泉流量衰减、水质恶化等地质灾害或生态恶化问题。

(2)严重超采区划分标准。

由于不同类型地下水对于开采的响应程度存在差异,响应方式不尽相同,因此判定严重超采区的标准也不完全相同。

在孔隙水的潜水与弱承压水超采区、裂隙水超采区和岩溶水超采区中,符合下列条件之一的区域,划为严重超采区:①评价期内年均地下水开采系数大于 1.3;②评价期内孔隙水水位下降速率大于 1.0 m/a,岩溶水和裂隙水水位下降速率大于 1.5 m/a;③评价期内需要保护的名泉流量年均衰减率大于0.05；④地下水开发利用引发了咸水入侵现象；⑤地下水开发利用引发了土地沙化现象。

(3)一般超采区划分标准。

超采区内未达到严重超采区标准的区域确定为一般超采区。

2. 划分方法

超采区划分方法主要包括水位动态法、开采系数法和诱发问题法三种。进行超采区划分时，应根据实际情况选择适合的划分方法，三种方法互相补充、相互校验。

3. 复核结果

利用2001—2016年实测、调查资料，根据地下水超采区划分方法与标准，对全省地下水超采区进行划分，考虑到地下水管理以县级行政区为基本管理单元，因此划分地下水超采区时以县级行政区为基本单元。在地下水超采区初步划定的基础上，将年均地下水开采系数大于1.3、孔隙水年均地下水位持续下降速率大于1.0 m、污染后的地下水已不能满足生活饮用水的水质要求，以及因地下水开发利用引发了土地沙化现象的区域确定为严重超采区，其他区域则定为一般超采区。将污染后的地下水水质已达到Ⅴ类水的区域和承压水区域定为禁采区。

全省共划分出地下水超采区32个，超采面积11 259.46 km^2，禁采区2个，面积1 019.96 km^2，超采量17 030.63万m^3。

按严重程度划分，一般超采区30个，超采面积10 268.01 km^2，占总超采面积的91.19%；严重超采区2个，超采面积991.45 km^2，占总超采区面积的8.81%。

按超采面积大小划分，小型超采区7个，超采面积416.75 km^2，占总超采面积的4.54%；中型超采区24个，超采面积9 245.29 km^2，占总超采面积的81.40%；大型超采区1个，超采面积1 597.42 km^2，占总超采面积的14.06%。

甘肃省地下水超采区划分见表6-2~表6-4。

表 6-2　甘肃省地下水超采区基本信息

序号	名称	行政分区		面积/km^2	可开采量/万 m^3	类别	超采程度	年均实际开采量/万 m^3	年均超采量/万 m^3	年均开采系数	漏斗中心年均水位下降速率/(m/a)
		地级	县级								
1	兰州市榆中县宛川河浅层小型一般超采区	兰州市	榆中县	51. 85	123. 5	浅层地下水	一般	298. 28	174. 78	2. 42	0. 20
2	定西市陇西县浅层中型一般超采区	定西市	陇西县	114. 06	250. 5	浅层地下水	一般	284. 39	33. 89	1. 14	0. 23
3	天水市秦州区浅层小型一般超采区	天水市	秦州区	39. 66	128	浅层地下水	一般	158. 63	30. 63	1. 24	0. 07
4	天水市麦积区浅层小型一般超采区	天水市	麦积区	68. 07	160	浅层地下水	一般	174. 41	14. 41	1. 09	0. 57
5	庆阳市西峰区董志塬浅层中型一般超采区	庆阳市	西峰区	214. 53	1 664	浅层地下水	一般	2 029. 23	365. 23	1. 22	0. 46
6	酒泉市敦煌浅层中型一般超采区	酒泉市	敦煌市	641. 78	2 451. 6	浅层地下水	一般	5 838. 68	3 387. 08	2. 38	0. 31

续表 6-2

序号	名称	行政分区		面积/km^2	可开采量/万 m^3	类别	超采程度	年均实际开采量/万 m^3	年均超采量/万 m^3	年均开采系数	漏斗中心年均水位下降速率/(m/a)
		地级	县级								
7	酒泉市瓜州县浅层中型一般超采区	酒泉市	瓜州县	577.18	2 204.83	浅层地下水	一般	7 459.62	5 254.79	3.38	0.22
8	酒泉市瓜州县昌马灌区浅层中型一般超采区	酒泉市	瓜州县	366.51	1 400.06	浅层地下水	一般	4 022.37	2 622.31	2.87	0.05
9	酒泉市玉门东湖浅层小型一般超采区	酒泉市	玉门市	90.01	343.84	浅层地下水	一般	586.77	242.93	1.71	0.06
10	酒泉市玉门市花海灌区浅层中型一般超采区	酒泉市	玉门市	512.31	1 957.02	浅层地下水	一般	3 406.08	1 449.06	1.74	0.04
11	酒泉市玉门市昌马灌区浅层中型一般超采区	酒泉市	玉门市	324.88	1 241.04	浅层地下水	一般	3 265.01	2 023.97	2.63	0.04
12	酒泉市肃州区果园、怀茂浅层中型一般超采区	酒泉市	肃州区	220.89	1 745.03	浅层地下水	一般	2 280.74	535.71	1.31	0.07

续表 6-2

序号	名称	行政分区		面积/km^2	可开采量/万 m^3	类别	超采程度	年均实际开采量/万 m^3	年均超采量/万 m^3	年均开采系数	漏斗中心年均水位下降速率/(m/a)
		地级	县级								
13	酒泉市肃州区下河清、总寨浅层中型一般超采区	酒泉市	肃州区	475. 57	3 804. 56	浅层地下水	一般	5 105. 25	1 300. 69	1. 34	0. 11
14	酒泉市金塔县鼎新浅层中型一般超采区	酒泉市	金塔县	313. 39	2 507. 12	浅层地下水	一般	3 224. 21	717. 09	1. 29	0. 04
15	酒泉市金塔县鸳鸯浅层中型一般超采区	酒泉市	金塔县	843. 67	6 749. 36	浅层地下水	一般	8 916. 88	2 167. 52	1. 32	0. 06
16	嘉峪关市浅层小型一般超采区	嘉峪关市	嘉峪关市	76. 31	473. 12	浅层地下水	一般	925. 22	452. 10	1. 96	0. 07
17	张掖市甘州区浅层中型一般超采区	张掖市	甘州区	302. 18	1 933. 95	浅层地下水	一般	4 434. 22	2 500. 27	2. 29	0. 16
18	张掖市高台县浅层中型一般超采区	张掖市	高台县	127. 75	804. 82	浅层地下水	一般	1 927. 62	1 122. 8	2. 40	0. 03
19	张掖市民乐县浅层小型一般超采区	张掖市	民乐县	30. 6	306	浅层地下水	一般	505. 27	199. 27	1. 65	0. 02

续表 6-2

序号	名称	行政分区		面积/km^2	可开采量/万 m^3	类别	超采程度	年均实际开采量/万 m^3	年均超采量/万 m^3	年均开采系数	漏斗中心年均水位下降速率/(m/a)
		地级	县级								
20	张掖市山丹县浅层中型一般超采区	张掖市	山丹县	239.91	1 631.39	浅层地下水	一般	3 825.35	2 193.96	2.34	0.03
21	张掖市肃南县浅层中型一般超采区	张掖市	肃南裕固族自治县	236.7	1 491.21	浅层地下水	一般	3 075.97	1 584.76	2.06	0.06
22	金昌市金川区昌宁浅层中型严重超采区	金昌市	金川区	532.09	4 203.51	浅层地下水	严重	10 212.85	6 009.34	2.43	1.32
23	金昌市永昌县浅层中型一般超采区(一)	金昌市	永昌县	257.29	2 032.59	浅层地下水	一般	3 453.86	1 421.27	1.70	0.44
24	金昌市永昌县浅层中型一般超采区(二)	金昌市	永昌县	152.02	1 200.96	浅层地下水	一般	2 040.72	839.76	1.70	0.65
25	武威市凉州区大刺岗浅层小型一般超采区	武威市	凉州区	60.25	795.3	浅层地下水	一般	1 051.03	255.73	1.32	0.15

续表 6-2

序号	名称	行政分区		面积/km^2	可开采量/万 m^3	类别	超采程度	年均实际开采量/万 m^3	年均超采量/万 m^3	年均开采系数	漏斗中心年均水位下降速率/(m/a)
		地级	县级								
26	武威市凉州区浅层中型一般超采区	武威市	凉州区	680. 89	8 987. 75	浅层地下水	一般	11 912. 74	2 924. 99	1. 33	0. 30
27	武威市古浪县浅层中型一般超采区	武威市	古浪县	456	1 368	浅层地下水	一般	1 491. 61	123. 61	1. 09	0. 03
28	武威市古浪县大靖镇浅层中型一般超采区	武威市	古浪县	124. 71	374. 13	浅层地下水	一般	560. 83	186. 7	1. 50	0. 26
29	武威市民勤县昌宁浅层中型严重超采区	武威市	民勤县	459. 36	3 123. 65	浅层地下水	严重	3 711. 1	587. 45	1. 19	1. 64
30	武威市民勤县浅层中型一般超采区	武威市	民勤县	918. 56	6 246. 21	浅层地下水	一般	6 340. 35	94. 14	1. 02	0. 08
31	武威市民勤县南湖浅层中型一般超采区	武威市	民勤县	153. 06	765. 3	浅层地下水	一般	806. 44	41. 14	1. 05	0. 36
32	武威市民勤县潮水盆地浅层大型一般超采区	武威市	民勤县	1 597. 42	7 146. 09	浅层地下水	一般	8 392. 62	1 246. 53	1. 17	0. 21

表 6-3　甘肃省地下水超采区按严重程度划分情况

严重程度分级	个数	面积/km²	占总超采区面积的百分数/%	分布流域					
				内陆河		黄河		长江	
				个数	面积/km²	个数	面积/km²	个数	面积/km²
一般超采区	30	10 268.01	91.19	25	9 779.84	5	488.17		
严重超采区	2	991.45	8.81	2	991.45				
合计	32	11 259.46	100	27	10 771.29	5	488.17		

表 6-4　甘肃省地下水超采区按照超采面积划分情况

超采区分级	个数	面积/km²	占总超采区面积的百分数/%	分布流域					
				内陆河		黄河		长江	
				个数	面积/km²	个数	面积/km²	个数	面积/km²
小型	7	416.75	4.54	4	257.17	3	159.58		
中型	24	9 245.29	81.40	22	8 916.7	2	328.59		
大型	1	1 597.42	14.06	1	1 597.42				
合计	32	11 259.46	100	27	10 771.29	5	488.17		

(1)严重超采区。

复核划定严重超采区共 2 个,分布在内陆河流域,超采区总面积 991.45 km²,平均下降速率为 1.48 m/a。分别为:

①金昌市金川区昌宁浅层中型严重超采区,面积 532.09 km²,平均下降速率 1.32 m/a,实际开采量 10 212.85 万 m³/a,可开采量 6 009.34 万 m³/a,超采量 4 203.51 万 m³/a,其开发利用主要为农业灌溉用水。

②武威市民勤县昌宁浅层中型严重超采区,面积 459.36 km²,平均下降速率 1.64 m/a,实际开采量 3 711.1 万 m³/a,可开采量 3 123.65

万 m^3/a,超采量 587.45 万 m^3/a,其开发利用主要为农业用水。

(2)一般超采区。

复核划定一般超采区共 30 个,地下水类型均为孔隙水,主要分布在河西内陆河流域和黄河流域,超采区面积 10 268.01 km^2,平均下降速率 0.18 m/a,超采量 35 521.63 万 m^3/a。其中:

①大型超采区 1 个,位于内陆河流域,为石羊河水系武威盆地的武威市民勤县潮水盆地浅层大型一般超采区,面积 1 597.42 km^2,平均下降速率 0.21 m/a,实际开采量 8 392.62 万 m^3/a,可开采量 7 146.09 万 m^3/a,超采量 1 246.53 万 m^3/a,其开发利用主要为农业用水和城镇居民用水。

②中型超采区 22 个,其中内陆河流域 20 个,黄河流域 2 个。其中:

疏勒河流域 5 个,其中玉门盆地 2 个,超采区面积 837.19 km^2,平均下降速率 0.04 m/a,实际开采量 6 671.09 万 m^3/a,可开采量 3 198.06 万 m^3/a,超采量 3 473.03 万 m^3/a;敦煌盆地 1 个,超采区面积 641.78 km^2,平均下降速率 0.31 m/a,实际开采量 5 838.68 万 m^3/a,可开采量 2 451.6 万 m^3/a,超采量 3 387.08 万 m^3/a;瓜州盆地 2 个,超采区面积 943.69 km^2,平均下降速率 0.27 m/a,实际开采量 11 481.99 万 m^3/a,可开采量 3 604.89 万 m^3/a,超采量 7 877.10 万 m^3/a;其开发利用主要为农业用水和城镇居民用水。

黑河流域 8 个,其中甘临高盆地 4 个,超采区面积为 906.54 km^2,平均下降速率 0.07 m/a,实际开采量 13 263.16 万 m^3/a,可开采量 5 861.37 万 m^3/a,超采量 7 401.79 万 m^3/a;酒泉东盆地 4 个,超采区面积 1 853.52 km^2,平均下降速率 0.07 m/a,实际开采量 19 527.08 万 m^3/a,可开采量 14 806.07 万 m^3/a,超采量 4 721.01 万 m^3/a;其开发利用主要为农业用水。

石羊河流域 7 个,其中昌宁盆地 2 个,超采区面积 409.31 km^2,平均下降速率 0.55 m/a,实际开采量 5 494.58 万 m^3/a,可开采量 3 233.55 万 m^3/a,超采量 2 261.03 万 m^3/a;民勤盆地 2 个,超采区面积 1 071.62 km^2,平均下降速率 0.22 m/a,实际开采量 7 146.79

万 m^3/a,可开采量 7 011.51 万 m^3/a,超采量 135.28 万 m^3/a;武威盆地 2 个,超采区面积 1 136.89 km^2,平均下降速率 0.17 m/a,实际开采量 13 404.35 万 m^3/a,可开采量 10 355.75 万 m^3/a,超采量 3 048.6 万 m^3/a;大靖盆地 1 个,超采区面积 124.71 km^2,平均下降速率 0.26 m/a,实际开采量 560.83 万 m^3/a,可开采量 374.13 万 m^3/a,超采量 186.70 万 m^3/a;主要为农业用水。

黄河流域 2 个,超采区面积 328.59 km^2,平均下降速率 0.35 m/a,实际开采量 2 313.62 万 m^3/a,可开采量 1 914.50 万 m^3/a,超采量 399.12 万 m^3/a,其开发利用主要为农业用水与工业、城镇生活用水。

③小型超采区 7 个,其中内陆河流域 4 个,黄河流域 3 个。其中:

疏勒河流域 1 个,为酒泉市玉门东湖浅层小型一般超采区,面积 90.01 km^2,平均下降速率 0.06 m/a,实际开采量 586.77 万 m^3/a,可开采量 343.84 万 m^3/a,超采量 242.93 万 m^3/a,其开发利用主要为工业用水。

黑河流域 2 个,一是酒泉盆地的嘉峪关市浅层小型一般超采区,面积 76.31 km^2,平均下降速率 0.07 m/a,实际开采量 925.22 万 m^3/a,可开采量 473.12 万 m^3/a,超采量 452.10 万 m^3/a,其开发利用主要为工业用水;二是甘临高盆地张掖市民乐县浅层小型一般超采区,面积 30.6 km^2,平均下降速率 0.02 m/a,实际开采量 505.27 万 m^3/a,可开采量 306 万 m^3/a,超采量 199.27 万 m^3/a,其开发利用主要为生活用水。

石羊河流域 1 个,为武威盆地的武威市凉州区大刺岗浅层小型一般超采区,面积 60.25 km^2,平均下降速率 0.15 m/a,实际开采量 1 051.03 万 m^3/a,可开采量 795.3 万 m^3/a,超采量 255.73 万 m^3/a,其开发利用主要为农业用水。

黄河流域 3 个,超采区总面积 159.58 km^2,平均下降速率 0.28 m/a,实际开采量 631.32 万 m^3/a,可开采量 411.50 万 m^3/a,超采量 219.82 万 m^3/a,其开发利用主要为工业、生活用水。

6.1.3.2 超采量

全省 14 个市(州),除甘南、陇南、临夏、白银未出现超采区外,其

余市(州)地下水开发利用区均出现超采区,2010—2016 年复核期内,全省超采区总面积 11 259.46 km^2,复核划定的地下水超采区内的实际开采量 111 718.35 万 m^3,可开采量 69 614.44 万 m^3,超采量 42 103.91 万 m^3,全省各市(州)超采量见表 6-5。

表 6-5　全省各地级行政区地下水超采量统计

地级行政区	超采区面积/km^2	实际开采量/万 m^3	可开采量/万 m^3	超采量/万 m^3
酒泉市	4 366.19	44 105.61	24 404.46	19 701.15
嘉峪关市	76.31	925.22	473.12	452.10
张掖市	937.14	13 768.43	6 167.37	7 601.06
金昌市	941.40	15 707.43	7 437.06	8 270.37
武威市	4 450.25	34 266.72	28 806.43	5 460.29
兰州市	51.85	298.28	123.50	174.78
定西市	114.06	284.39	250.50	33.89
庆阳市	214.53	2 029.23	1 664.00	365.23
天水市	107.73	333.04	288.00	45.04
全省	11 259.46	111 718.35	69 614.44	42 103.91

6.1.4　超采区复核成果对比

根据划分结果,与 2012—2014 年成果对比,复核成果超采区总面积比上次减少 5 135.75 km^2,其中一般超采区面积减少 4 174.04 km^2,严重超采区面积减少 961.71 km^2。其中,有 14 个一般超采区和 2 个严重超采区因下降速率减小,达不到超采区划定标准,故本次取消。有 1 个严重超采区已变为一般超采区,新增 1 个严重超采区,原有 1 个一般超采区按照县级区域分成了 2 个一般超采区,1 个中型一般超采区变为中型严重超采区,1 个中型一般超采区变为大型一般超采区。

复核划定 32 个超采区,其中一般超采区 30 个,严重超采区 2 个。

具体如下。

6.1.4.1　内陆河流域

内陆河流域共复核划定超采区 27 个，其中严重超采区 2 个，大型一般超采区 1 个，中型一般超采区 20 个，小型一般超采区 4 个。与 2012—2014 年成果对比，内陆河流域共取消 2 个超采区，分别为张掖市临泽县浅层中型一般超采区和临泽县浅层小型一般超采区；增加 1 个中型一般超采区，为酒泉市金塔县鸳鸯浅层中型一般超采区。

1. 疏勒河流域

疏勒河流域复核划定超采区 6 个，其中中型一般超采区 5 个，小型一般超采区 1 个。

(1)酒泉市敦煌浅层中型一般超采区。2012—2014 年评价成果超采区面积 663.3 km^2，下降速率 0.14 m/a，年均超采量 3 500.81 万 m^3/a。复核面积 641.78 km^2，下降速率 0.31 m/a，年均超采量 3 387.08 万 m^3/a。与上次评价对比，复核面积减少 21.52 km^2，下降速率增大 0.17 m/a，年均超采量减少 113.73 万 m^3/a。

(2)酒泉市瓜州县浅层中型一般超采区。2012—2014 年评价成果超采区面积 556.80 km^2，下降速率 0.04 m/a，年均超采量 5 069.07 万 m^3/a。复核面积 577.18 km^2，下降速率 0.22 m/a，年均超采量 5 254.79 万 m^3/a。与上次评价对比，复核面积增加 20.38 km^2，下降速率增大 0.17 m/a 年均超采量增加 185.72 万 m^3/a。

(3)酒泉市瓜州县昌马灌区浅层中型一般超采区。2012—2014 年评价成果超采区面积 231.7 km^2，下降速率 0.18 m/a，年均超采量 1 657.41 万 m^3/a。复核面积 366.51 km^2，下降速率 0.05 m/a，年均超采量 2 622.31 万 m^3/a。与上次评价对比，复核面积增加 134.81 km^2，下降速率减小 0.13 m/a，年均超采量增加 964.90 万 m^3/a。

(4)酒泉市玉门东湖浅层小型一般超采区。2012—2014 年评价成果为中型一般超采区，超采区面积 216.9 km^2，下降速率 0.07 m/a，年均超采量 585.51 万 m^3/a。复核面积 90.01 km^2，下降速率 0.06 m/a，年均超采量 242.93 万 m^3/a。与上次评价对比，复核面积减少 126.89 km^2，下降速率减小 0.01 m/a，年均超采量减少 342.58 万 m^3/a。

(5)酒泉市玉门花海灌区浅层中型一般超采区。2012—2014年评价成果超采区面积623.8 km^2,下降速率0.13 m/a,年均超采量1 764.29万m^3/a。复核面积512.31 km^2,下降速率0.04 m/a,年均超采量1 449.06万m^3/a。与上次评价对比,复核面积减少111.49 km^2,下降速率减小0.09 m/a,年均超采量减少315.23万m^3/a。

(6)酒泉市玉门市昌马灌区浅层中型一般超采区。2012—2014年评价成果超采区面积442.8 km^2,下降速率0.14 m/a,年均超采量2 758.53万m^3/a。复核面积324.88 km^2,下降速率0.04 m/a,年均超采量2 023.97万m^3/a。与上次评价对比,复核面积减少117.92 km^2,下降速率减小0.10 m/a,年均超采量减少734.56万m^3/a。

2. 黑河流域

黑河流域复核划定超采区10个,其中中型一般超采区8个,小型一般超采区2个。与2012—2014年成果对比,黑河流域共取消2个超采区,分别为张掖市临泽县浅层中型一般超采区和临泽县浅层小型一般超采区;增加1个中型一般超采区,为酒泉市金塔县鸳鸯浅层中型一般超采区。

(1)酒泉市肃州区果园、怀茂浅层中型一般超采区。2012—2014年评价成果超采区面积176.5 km^2,下降速率0.2 m/a,年均超采量428.01万m^3/a。复核面积220.89 km^2,下降速率0.07 m/a,年均超采量535.71万m^3/a。与上次评价对比,复核面积增加44.39 km^2,下降速率减小0.13 m/a,年均超采量增加107.70万m^3/a。

(2)酒泉市肃州区下河清、总寨浅层中型一般超采区。2012—2014年评价成果超采区面积763.40 km^2,下降速率0.43 m/a,年均超采量2 087.8万m^3/a。复核面积475.57 km^2,下降速率0.11 m/a,年均超采量1 300.69万m^3/a。与上次评价对比,复核面积减少287.83 km^2,下降速率减小0.32 m/a,年均超采量减少787.11万m^3/a。

(3)酒泉市金塔县鼎新浅层中型一般超采区。2012—2014年评价成果超采区面积149.7 km^2,下降速率0.07 m/a,年均超采量342.54万m^3/a。复核面积313.39 km^2,下降速率0.04 m/a,年均超采量717.09万m^3/a。与上次评价对比,复核面积增加163.69 km^2,下降速率减小 0.03 m/a,年均超采量增加 374.55 万 m^3/a。

(4)酒泉市金塔县鸳鸯浅层中型一般超采区。为新增超采区,复核面积 843.67 km^2,下降速率 0.06 m/a,年均超采量 2 167.52 万 m^3/a。

(5)嘉峪关市浅层小型一般超采区。2012—2014 年评价成果超采区面积 84.3 km^2,下降速率 0.07 m/a,年均超采量 499.44 万 m^3/a。复核面积 76.31 km^2,下降速率 0.07 m/a,年均超采量 452.10 万 m^3/a。与上次评价对比,复核面积减少 7.99 km^2,水位下降速率保持不变,年均超采量减少 47.34 万 m^3/a。

(6)张掖市甘州区浅层中型一般超采区。2012—2014 年评价成果超采区面积 906.4 km^2,下降速率 0.02 m/a,年均超采量 7 499.24 万 m^3/a。复核面积 302.18 km^2,下降速率 0.16 m/a,年均超采量 2 500.27 万 m^3/a。与上次评价对比,复核面积减少 604.22 km^2,下降速率增大 0.14 m/a,年均超采量减小 4 998.97 万 m^3/a。

(7)张掖市高台县浅层中型一般超采区。2012—2014 年评价成果超采区面积 368.2 km^2,下降速率 0.48 m/a,年均超采量 3 236.45 万 m^3/a。复核面积 127.75 km^2,下降速率 0.03 m/a,年均超采量 1 122.8 万 m^3/a。与上次评价对比,复核面积减少 240.45 km^2,下降速率减小 0.45 m/a,年均超采量减少 2 113.65 万 m^3/a。

(8)张掖市民乐县浅层小型一般超采区。2012—2014 年评价成果为中型一般超采区,超采区面积 221.1 km^2,下降速率 0.64 m/a,年均超采量 1 439.5 万 m^3/a。复核面积 30.6 km^2,下降速率 0.02 m/a,年均超采量 199.27 万 m^3/a。与上次评价对比,复核面积减少 190.5 km^2,下降速率减小 0.62 m/a,年均超采量减少 1 420.23 万 m^3/a,降为小型一般超采区。

(9)张掖市山丹县浅层中型一般超采区。2012—2014 年评价成果超采区面积 493.9 km^2,下降速率 0.34 m/a,年均超采量 4 516.68 万 m^3/a。复核面积 239.91 km^2,下降速率 0.03 m/a,年均超采量 2 193.96 万 m^3/a。与上次评价对比,复核面积减少 253.99 km^2,下降速率减小 0.31 m/a,年均超采量减小 2 322.72 万 m^3/a。

(10)张掖市肃南县浅层中型一般超采区。2012—2014年评价成果超采区面积236.7 km^2,下降速率0.17 m/a,年均超采量1 584.76万m^3/a。复核面积236.7 km^2,下降速率0.06 m/a,年均超采量1 584.76万m^3/a。与上次评价对比,复核面积、超采量无变化,下降速率减小0.11 m/a。

3.石羊河流域

石羊河流域复核划定超采区11个,其中中型严重超采区2个,大型一般超采区1个,中型一般超采区7个,小型一般超采区1个。与2012—2014年成果对比,石羊河流域增加1个中型严重超采区,1个大型严重超采区降为中型,1个中型一般超采区复核为大型一般超采区,1个中型一般超采区根据地形地貌分为2个中型一般超采区。

(1)金昌市金川区昌宁浅层中型严重超采区。2012—2014年评价成果为中型一般超采区,超采区面积366.2 km^2,下降速率0.58 m/a,年均超采量4 135.47万m^3/a。复核面积532.09 km^2,下降速率1.32 m/a,年均超采量6 009.34万m^3/a。与上次评价对比,复核面积增加165.59 km^2,下降速率增大0.74 m/a,年均超采量增大1 873.87万m^3/a,转变为中型严重超采区。

(2)武威市民勤县昌宁浅层中型严重超采区。2012—2014年评价成果为中型一般超采区,超采区面积425.6 km^2,下降速率0.73 m/a,年均超采量544.28万m^3/a。复核面积459.36 km^2,下降速率1.64 m/a,年均超采量587.45万m^3/a。与上次评价对比,本次复核面积增加33.76 km^2,下降速率增大0.91 m/a,年均超采量增加43.17万m^3/a,转变为中型严重超采区。

(3)武威市民勤县潮水盆地浅层大型一般超采区。2012—2014年评价成果为中型一般超采区,超采区面积243.5 km^2,下降速率0.26 m/a,年均超采量668.95万m^3/a。复核面积1 597.42 km^2,下降速率0.21 m/a,年均超采量1 246.53万m^3/a。与上次评价对比,复核面积增加1 353.92 km^2,下降速率减小0.05 m/a,年均超采量增加577.58万m^3/a,转变为大型一般超采区。

(4)金昌市永昌县浅层中型一般超采区(一)。2012—2014年评价成果为中型一般超采区，超采区面积 938.2 m^2，下降速率 0.02 m/a，年均超采量 5 182.72 万 m^3/a。复核面积 257.29 km^2，下降速率 0.44 m/a，年均超采量 1 421.27 万 m^3/a，下降速率增大 0.42 m/a。

(5)金昌市永昌县浅层中型一般超采区(二)。2012—2014 年评价成果为中型一般超采区，超采区面积 938.2 m^2，下降速率 0.02 m/a，年均超采量 5 182.72 万 m^3/a。复核面积 152.02 km^2，下降速率 0.65 m/a，年均超采量 839.76 万 m^3/a，下降速率增大 0.63 m/a。

(6)武威市凉州区大刺岗浅层小型一般超采区。2012—2014 年评价成果超采区面积 47.79 km^2，下降速率 0.58 m/a，年均超采量 202.84 万 m^3/a。复核面积 60.25 km^2，下降速率 0.15 m/a，年均超采量 255.73 万 m^3/a。与上次评价对比，复核面积增加 12.46 km^2，下降速率减小 0.43 m/a，年均超采量增加 52.89 万 m^3/a。

(7)武威市凉州区浅层中型一般超采区。2012—2014 年评价成果为大型一般超采区，超采区面积 2 267 km^2，下降速率 0.46 m/a，年均超采量 9 737.17 万 m^3/a。复核面积 680.89 km^2，下降速率 0.30 m/a，年均超采量 2 924.99 万 m^3/a。与上次评价对比，复核面积减小 1 586.11 km^2，下降速率减小 0.16 m/a，年均超采量减少 6 812.18 万 m^3/a，转变为中型一般超采区。

(8)武威市古浪县浅层中型一般超采区。2012—2014 年评价成果超采区面积 408.4 km^2，下降速率 0.05 m/a，年均超采量 110.7 万 m^3/a。复核面积 456 km^2，下降速率 0.03 m/a，年均超采量 123.61 万 m^3/a。与上次评价对比，复核面积增加 47.6 km^2，下降速率减小 0.02 m/a，年均超采量增加 12.91 万 m^3/a。

(9)武威市古浪县大靖镇浅层中型一般超采区。2012—2014 年评价成果超采区面积 224.1 km^2，下降速率 0.37 m/a，年均超采量 335.47 万 m^3/a。复核面积 124.71 km^2，下降速率 0.26 m/a，年均超采量 186.7 万 m^3/a。与上次评价对比，复核面积减少 99.39 km^2，下降速率减小 0.11 m/a，年均超采量减少 148.77 万 m^3/a。

(10)武威市民勤县浅层中型一般超采区。2012—2014 年评价成果为大型严重超采区，超采区面积 1 786 km^2，下降速率 0.56 m/a，年均

超采量 183.02 万 m^3/a。复核面积 918.56 km^2，下降速率 0.08 m/a，年均超采量 94.14 万 m^3/a。与上次评价对比，复核面积减少 867.14 km^2，下降速率增大 0.48 m/a，年均超采量减少 88.88 万 m^3/a，转变为中型一般超采区。

(11)武威市民勤县南湖浅层中型一般超采区。2012—2014 年评价成果超采区面积 184.60 km^2，下降速率 0.42 m/a，年均超采量 49.61 万 m^3/a。复核面积 153.06 km^2，下降速率 0.36 m/a，年均超采量 41.14 万 m^3/a。与上次评价对比，复核面积减少 31.54 km^2，下降速率减小 0.06 m/a，年均超采量减少 8.47 万 m^3/a。

6.1.4.2　黄河流域

黄河流域复核划定超采区 5 个，其中小型一般超采区 3 个，中型一般超采区 2 个。与 2012—2014 年成果对比，黄河流域共取消 14 个超采区，分别为兰州市永登县浅层中型一般超采区、榆中县定远浅层小型一般超采区、榆中县三角城浅层中型一般超采区、定西市安定区浅层中型严重超采区、白银市平川区水泉浅层小型严重超采区、白银市平川区浅层中型一般超采区(一)、白银市平川区浅层中型一般超采区(二)、白银市景泰县浅层中型一般超采区、平凉市泾川县浅层小型一般超采区、平凉市静宁县浅层小型一般超采区、庆阳市庆城县浅层小型一般超采区、庆阳市和盛塬浅层小型一般超采区、平凉市崆峒区浅层小型一般超采区和天水市甘谷县浅层小型一般超采区。

(1)兰州市榆中县宛川河浅层小型一般超采区。2012—2014 年评价成果为小型严重超采区，超采区面积 51.85 km^2，下降速率 1.77 m/a，年均超采量 574.78 万 m^3/a。复核面积 51.85 km^2，下降速率 0.20 m/a，年均超采量 174.78 万 m^3/a。与上次评价对比，复核面积无变化，下降速率减小 1.57 m/a，超采量减少 400 万 m^3/a。

(2)定西市陇西县浅层中型一般超采区。2012—2014 年评价成果超采区面积 114.06 km^2，下降速率 0.23 m/a，年均超采量 33.89 万 m^3/a。复核面积 114.06 km^2，下降速率 0.23 m/a，年均超采量 33.89 万 m^3/a。与上次评价对比，超采区面积、超采量和下降速率无变化。

(3)天水市秦州区浅层小型一般超采区。2012—2014 年评价成果超采区面积 39.66 km^2,下降速率 0.11 m/a,年均超采量 30.63 万 m^3/a。复核面积 39.66 km^2,下降速率 0.07 m/a,年均超采量 30.63 万 m^3/a。与上次评价对比,复核面积、超采量无变化,下降速率减小 0.04 m/a。

(4)天水市麦积区浅层小型一般超采区。2012—2014 年评价成果超采区面积 68.07 km^2,下降速率 0.21 m/a,年均超采量 14.41 万 m^3/a。复核面积 68.07 km^2,下降速率 0.57 m/a,年均超采量 14.41 万 m^3/a。与上次评价对比,复核面积、超采量无变化,下降速率增大 0.36 m/a。

(5)庆阳市西峰区董志塬浅层中型一般超采区。2012—2014 年评价成果超采区面积 214.53 km^2,下降速率 0.46 m/a,年均超采量 365.23 万 m^3/a。复核面积 214.53 km^2,下降速率 0.46 m/a,年均超采量 365.23 万 m^3/a。与上次评价对比,超采区面积、超采量和下降速率无变化。

6.2 地下水超采引发的生态环境问题

6.2.1 区域性地下水位持续下降

甘肃省河西内陆河流域近年来因耕地面积不断扩大,用水量相应增加。一方面,由于地表水资源短缺,生产生活过量开采地下水;另一方面,因河流上游修建水库、中游渠道高标准衬砌和渠网化、渠系水利用率提高,使地下水补给量减少,加上非回归性耗水量增大,使参与水循环的水资源数量减少。区域地下水位持续下降,部分地区出现降落漏斗。漏斗区主要分布在河西走廊的武南镇、黄羊镇、永昌县、民勤县、金川区、高台县、肃州区境内。2016 年底,最大降落漏斗为武威盆地的武南—黄羊镇降落漏斗,年末漏斗面积 993.86 km^2,比上年末减少 107.03 km^2,漏斗中心地下水埋深 67.15 m,较上年末上升 0.06 m;双湾—昌宁降落漏斗,年末漏斗面积 572.16 km^2,较上年末减少 110.02

km^2,漏斗中心地下水埋深53.49 m,较上年末上升3.55 m;水源—朱王堡降落漏斗,年末漏斗面积441.51 km^2,较上年末减少5.01 km^2,漏斗中心地下水埋深15.57 m,较上年末上升0.90 m;高台骆驼城降落漏斗,年末漏斗面积546.67 km^2,较上年末减少59.99 km^2,漏斗中心地下水埋深58.24 m,较上年末上升3.28 m;酒泉市总寨降落漏斗,年末漏斗面积161.74 km^2,较上年末减少80.01 km^2,漏斗中心地下水埋深29.76 m,较上年末上升0.46 m;民勤大滩降落漏斗,年末漏斗面积117.04 km^2,较上年末减少6.04 km^2,漏斗中心地下水埋深29.15 m,较上年末上升0.80 m。

6.2.2　泉水溢出量减少

泉水是河西内陆河流域水资源系统循环的重要环节,也是研究水资源系统转化、人类活动对水资源的影响、下游北盆地自然环境变化的重要依据。

石羊河下游泉水溢出量减少表现最为突出,1993—2003年武威盆地的泉水溢出量减少了72.3%。黑河流域甘州区1990—2000年泉水溢出量减少了28.2%,山丹县李桥水库1998年泉水入库量比1982年减少50%以上。疏勒河水系1990—2000年安西盆地泉水溢出量减少了36.9%。

内陆河流域泉水流量衰减、泉眼干枯情况普遍发生。位于武威市区城北部的海藏寺公园附近的泉水溢出带的泉眼基本全部干枯,红水河等泉水河流的泉水溢出带向下游下移了10~20 km,红水河水文站测流断面处岸边的泉水溢出带现已变成了次生盐碱地。黑河、疏勒河流域均有类似现象。

6.2.3　土地沙化

甘肃省沙漠化土地主要分布在河西五市的肃州、金塔、玉门、瓜州、敦煌、肃北、阿克塞、嘉峪关、甘州、高台、民乐、山丹、肃南、永昌、金川、凉州、民勤、古浪等县(区),以及中部白银市所辖景泰、靖远县,庆阳市环县北部地区。据甘肃省土地沙化面积调查资料统计,甘肃省2000年土地沙漠化总面积 5. 55 万 km^2，占甘肃省总面积的 12. 2%，其中内陆河流域 5. 27 万 km^2，占全省土地沙漠化总面积的 95%。河西内陆河流域生态环境脆弱，走廊平原区降雨量极少而蒸发量极大，人工绿洲全靠灌溉维持，天然植被全部仰仗地下水存活，在内陆河先前的水资源开发利用模式中，基本不考虑天然生态用水。由于近 20 年经济的快速发展，地下水位普遍下降，使得靠地下水存活的大面积的沙枣、胡杨、红柳衰败枯死，造成土地沙化；由于天然屏障的消亡，天然沙漠便向绿洲侵移，加剧了土地的沙漠化速度。

第 7 章

河湖生态水量调查

7.1 河湖主要控制节点和断面确定

为全面了解甘肃省主要河湖水系及其主要控制节点和断面的生态水量保障情况,结合重要江河流域水量分配方案制定、江河流域水量调度,以及加强生态水量保障等有关工作要求,开展了甘肃省主要河流重要控制节点和断面的生态水量调查。

7.1.1 河湖主要控制节点和断面确定原则

河湖主要控制节点和断面的选择遵循以下原则:

(1)根据《甘肃省水资源综合规划》、《甘肃省水资源保护规划》、《敦煌水资源合理利用与生态保护综合规划(2011—2020年)》、《石羊河流域重点治理规划》、《"九七"黑河干流水量分配方案》、主要江河及重要支流与综合规划、流域水资源综合规划、跨省主要江河流域水量分配方案,以及批复的有关涉水建设项目的取水许可和环境影响评价等成果中明确提出的生态需水目标的河湖水系及其主要控制节点和断面。

(2)水利部216个重点流域涉及的河湖水系及其主要控制节点和断面,甘肃省涉及12条,分别为黄河干流(河口镇以上)、湟水、大通河、大夏河、洮河、渭河、泾河、北洛河(葫芦河)、石羊河、黑河、疏勒河、白龙江。

(3)根据实际情况,补充流域或者区域范围内水资源开发利用程度较高、水文情势变化较为显著、生态环境较为脆弱、保护意义较为重要,以及水事矛盾较为突出的河湖水系及其主要控制节点和断面。

7.1.2 确定的河湖主要控制节点和断面

甘肃省纳入生态流量调查评价的主要控制站点14个,其中内陆河流域3个,黄河流域9个,长江流域2个。甘肃省河湖生态流量主要控制站点见表7-1。

表 7-1　甘肃省河湖生态流量主要控制站点

流域	河流名称	控制站点
内陆河流域	疏勒河	双塔堡水库
	黑河	正义峡
	石羊河	蔡旗
黄河流域	庄浪河	武胜驿、红崖子
	大夏河	双城、折桥
	洮河	岷县、红旗
	渭河	北道
	泾河	杨家坪
	马莲河	雨落坪
长江流域	西汉水	镡家坝
	永宁河	永宁镇

7.2　河湖生态需水目标

7.2.1　河湖生态需水目标定义

生态需水目标主要包括基本生态环境需水量和目标生态环境需水量。

基本生态环境需水量是指维持河湖给定的生态环境保护目标对应的生态环境功能不丧失，需要保留在河道内的最小水量（流量、水位、水深）及其过程。基本生态环境需水量是河湖生态环境需水要求的底限值，包括生态基流、敏感期生态水量、不同时段需水量和全年需水量等指标。其中，生态基流是其过程学的最小值，一般用月均流量（或水量）表征；敏感期生态需水量是维持河湖生态敏感对象正常功能的基本需水量及其需水过程；不同时段需水量可分为汛期、非汛期两个时段的需水量,对于封冻期较长的地区,还应包括冰冻期时段。

目标生态环境需水量是指维持河湖给定的生态环境保护目标对应的生态环境功能正常发挥,需要保留在河道内的水量(流量、水位、水深)及其过程,包括不同时段需水量和全年需水量等指标。目标生态环境需水量是确定河湖地表水资源可利用量的控制指标。对于目前水资源开发利用程度较高,现状断流(干涸、萎缩)严重,水资源条件难以满足要求的河湖水系、河段、湖泊湿地,其目标生态环境需水量可适当降低。

7.2.2 河湖生态需水目标调查评价要求

7.2.2.1 生态水量的计量单位要求

河流控制节点和断面主要用流量、水量等指标,湖泊主要用水位、面积等指标,湿地根据其功能和保护要求选择水位、水量等指标,河湖水系主要用水量指标。

7.2.2.2 调查评价水文系列

采用1956—2016年水文系列的天然径流量分析计算生态需水目标。对于有关成果中已提出生态需水目标的河湖水系及其主要控制节点和断面,应将有关成果采用的水文系列延长至2016年。对于近年来水资源情势变化较大的河湖水系及其主要控制节点和断面,还需根据1980—2016年水文系列天然径流量,分析计算其在新系列条件下的生态需水目标。

7.2.2.3 生态需水目标成果分析

整理分析河湖水系及其主要控制节点和断面生态需水目标,按照以下3种类型分别计算生态需水目标成果:

(1)有关成果已提出生态需水目标的河湖水系及其主要控制节点和断面,其1980—2016年水文系列的多年平均天然径流量,较1956—2000年水文系列的变化幅度小于10%,直接采用有关成果中的生态需水目标对于有多个成果的,应综合分析确定采用的成果值。

(2)有关成果已提出生态需水目标的河湖水系及其主要控制节点和断面,其1980—2016年水文系列多年平均天然径流量,较1956—

2000 年水文系列的变化幅度超过 10%(含),除按照第(1)条要求整理生态需水目标外,还应根据 1956—2016 年和 1980—2016 年两个水文系列天然径流量,分别计算并合理确定两个水文系列对应的生态需水目标。

(3)对有关成果提出的生态需水目标不完整的,以及其他新增的河湖水系及其主要控制节点和断面,根据 1956—2016 年水文系列天然径流量,补充计算并合理确定相应的生态需水目标。对于这类河湖水系及其主要控制节点和断面,如果其 1980—2016 年水文系列多年平均天然径流量较 1956—2000 年水文系列的变化幅度超过 10%(含),应在补充计算的基础上,分别合理确定 1956—2016 年和 1980—2016 年两个水文系列对应的生态需水目标。此类控制节点和断面的生态需水目标,应与有关成果中属于同一水系的上下游控制节点和断面相应的生态需水目标进行衔接协调。

7.2.3　河湖生态需水目标调查评价方法

7.2.3.1　调查评价要求

1. 生态基流

生态基流原则上采用 Q_p 法等综合确定。

2. 基本生态需水量

年内不同时段值以月为时间尺度进行分析计算,并按照汛期、非汛期两个时段统计。各时段的基本生态环境需水量可以用 Q_p 法或者 Tennant 法等方法计算,相应参数取值应按照《河湖生态环境需水计算规范》(SL/T 712)等规范的有关规定,以及河湖水系水资源情势等综合确定。

3. 目标生态环境需水量

可采用 Tennant 法等方法确定不同时段值和全年值,也可根据地表水资源可利用量分析确定全年值。计算结果应符合《河湖生态环境需水计算规范》(SL/T 712)等规范的有关规定。

7.2.3.2 调查评价方法

1. 生态基流

长江流域采用 Q_p 法计算，p 取95%。黄河流域采用 Tennant 法，汛期取同时段平均流量的20%，非汛期取同时段平均流量的10%。内陆河流域不计算生态基流。

2. 基本生态需水量

根据《河湖生态环境需水计算规范》(SL/T 712)相关参数的取值范围(见表7-2)，考虑到开发利用程度，长江流域采用 Tennant 法，汛期(5—10月)取月多年平均径流量的20%，非汛期(11月至次年4月)取月多年平均径流量的20%；汛期基本生态需水量按5—10月求和，非汛期基本生态需水量为11月至次年4月求和，全年值为1—12月求和。黄河流域采用 Tennant 法，汛期(5—10月)取月多年平均径流量的20%，非汛期(11月至次年4月)取月多年平均径流量的10%；汛期基本生态需水量按5—10月求和，非汛期基本生态需水量为11月至次年4月求和，全年值为1—12月求和。内陆河流域直接采用相关成果。

表7-2 不同类型河流水系生态环境需水量参考阈值 %

河流类型		开发利用程度					
		高		中		低	
		基本[a]	目标[b]	基本	目标	基本	目标
大江大河	北方	10~20	40~50	15~25	45~55	≥25	≥60
	南方	20~30	65~80	25~35	70~80	≥35	≥80
较大江河	北方	10~15	40~50	10~25	40~55	≥25	≥55
	南方	15~30	60~70	20~35	65~75	≥35	≥75
中小河流	北方	5~10	40~45	10~20	40~50	≥20	≥50
	南方	15~25	50~60	20~30	55~65	≥30	≥65
内陆河	西北干旱区		40~50		45~55	—	≥55
	青藏高原区	—	—	—	—	≥80	≥80

注：表中值为"生态环境需水量/地表水资源量"比例。

a：基本生态环境需水量；b：目标生态环境需水量。

3. 目标生态需水量

根据不同流域机构的要求，对长江流域，目标生态需水量汛期和非汛期取同时段平均径流量的 25%，全年为汛期和非汛期之和。而黄河流域和内陆河流域不要求计算目标生态需水量，因此未作评价。

生态需水量评价计算方法见表 7-3。

表 7-3　生态需水量评价计算方法参照

评价项目	《补充细则要求》	本次评价方法
生态基流	Q_p 法	长江流域：Q_p 法，p 取 95% 黄河流域：Tennant 法（汛期取 20%，非汛期取 10%） 内陆河流域：未作评价
基本生态需水量	Q_p 法或 Tennant 法	长江流域：Tennant 法（汛期取 20%，非汛期取 20%） 黄河流域：Tennant 法（汛期取 20%，非汛期取 10%） 内陆河流域：采用相关规划成果
目标生态需水量	Tennant 法	长江流域：Tennant 法（汛期取 25%，非汛期取 25%） 黄河流域：未作评价 内陆河流域：未作评价

7.2.4　河湖生态需水目标调查评价结果

分别利用 1956—2016 年和 1980—2016 年两个水文系列，计算主要控制站点基本生态需水量和生态基流，结果表明：各控制站点

1956—2016 年水文系列计算结果均大于 1980—2016 年水文系列计算结果,主要原因为 2000 年以后各河流均进入枯水期,径流呈明显减小趋势。

内陆河流域生态需水量调查评价确定了 3 个主要站点,分别为石羊河蔡旗断面、黑河正义峡断面和疏勒河双塔水库断面。石羊河下泄水量直接采用国务院和相关部门批准的规划成果,不再进行评价。根据《石羊河流域重点治理规划》,2010 年平水年份,蔡旗断面下泄水量增加到 2.5 亿 m^3 以上;2020 年平水年份,民勤蔡旗断面下泄水量由 2010 年的 2.5 亿 m^3 增加到 2.9 亿 m^3 以上,下泄水量包含下游社会经济用水和生态用水。

1997 年 12 月,《黑河干流水量分配方案》对不同丰枯水年条件下的水量分配方案作出了明确规定,当莺落峡水文断面多年平均来水 15.8 亿 m^3 时,正义峡水文断面下泄水量 9.5 亿 m^3。

根据《敦煌水资源合理利用与生态保护综合规划(2011—2020 年)》,到 2015 年,平水年份,双塔堡水库下泄生态水量不小于 5 600 万 m^3,到达瓜州—敦煌边界双墩子断面水量不小于 2 000 万 m^3,进入西湖玉门关断面不小于 1 200 万 m^3。到 2020 年,平水年份,双塔堡水库下泄生态水量不少于 7 800 万 m^3,进入瓜州—敦煌边界双墩子断面水量不少于 3 500 万 m^3,进入西湖玉门关断面不少于 2 200 万 m^3。

黄河流域生态需水量调查评价确定了 9 个主要站点,对生态基流和基本生态需水量进行了评价,成果小于《甘肃省水资源综合规划》中提出的生态需水量。

长江流域生态需水量调查评价确定了 2 个站点,分别为西汉水镡家坝和永宁河永宁镇。分别计算了生态基流、基本生态需水量和目标生态需水量,结果小于《甘肃省水资源综合规划》和《嘉陵江流域水量分配方案》中提出的生态需水量。

甘肃省河流主要控制站点生态需水量成果见表 7-4。

表 7-4　甘肃省河流主要控制站点生态需水量成果

流域	河流名称	水文站点	生态基流/(m^3/s)		生态需水量/万 m^3				《甘肃省水资源综合规划》生态需水量/万 m^3
			1956—2016 年水文系列	1980—2016 年水文系列	1956—2016 年水文系列		1980—2016 年水文系列		
					基本生态需水量	目标生态需水量	基本生态需水量	目标生态需水量	
内陆河流域	疏勒河[①]	双塔堡水库			7 800		7 800		
	黑河[②]	正义峡			95 000		95 000		
	石羊河[③]	蔡旗			29 000		29 000		
黄河流域	庄浪河	武胜驿	0.38	0.39	3 037.0		3 007.0		4 838.0
	庄浪河	红崖子	0.48	0.54	3 230.0		3 167.0		3 037.0
	大夏河	双城	1.31	1.22	13 239.4		11 843.0		19 455.2
	大夏河	折桥	1.56	1.38	16 472.4		14 261.7		24 691.5
	洮河	岷县	4.99	4.57	81 147.6		71 685.0		85 752.2
	洮河	红旗	7.60	7.30	114 530		102 082.0		121 667.0
	渭河	北道	2.07	1.62	23 032.8		18 107.3		35 765.0
	泾河	杨家坪	1.29	1.13	12 290.4		9 942.8		19 645.9
	马莲河	雨落坪	0.63	0.6	7 738.2		7 405.2		12 387.0
长江流域	西汉水	镡家坝	4.34	3.7	27 113	35 555	21 536	28 202	
	永宁河	永宁镇	1.21	1.03	7 397	9 270	6 766	8 491	

注:①引用来源为《敦煌水资源合理利用与生态保护综合规划(2011—2020 年)》,为生态用水。

②引用来源为《“九七”黑河干流水量分配方案》,包括下游社会经济用水和生态用水。

③引用来源为《石羊河流域重点治理规划》,包括下游社会经济用水和生态用水。

7.3　河湖生态用水满足程度评价

7.3.1　河湖生态用水满足程度评价要求

(1)对比2007—2016年水文系列实测径流量与生态基流、不同时段(汛期和非汛期)需水量、全年需水量,评价河湖水系及其主要控制节点和断面生态用水满足程度。对于有两个不同水文系列生态需水目标的河流水系及其主要控制节点和断面,应分别与两个系列的生态需水目标进行对比。对于有敏感期生态需水要求的,可增加敏感期生态需水满足程度评价。

(2)长系列逐月生态用水满足程度评价按照以下方法开展:①生态基流满足程度评价。用水文系列中实际径流量超过生态基流的月份数(或天数)与水文系列总时长的比值评价满足程度。②基本生态环境需水过程满足程度评价。用水文系列中全年、汛期和非汛期各评价时段实际径流量超过相应的基本生态环境需水量目标的年份数与水文系列时长总年份数的比值评价满足程度。

(3)对于有目标生态环境需水要求以及有条件的地区,可参照上述方法,进一步评价不同时段(汛期、非汛期)和全年的目标生态环境需水量的满足程度。

(4)综合分析实际径流量与不同生态需水目标比较的结果,判断河湖水系及其主要控制节点和断面生态用水满足程度,分析提出生态用水满足的程度、时段等情况。

(5)根据评价结果,从水资源禀赋条件、水资源情势演变、水土资源开发利用程度及效率、工程调度运行管理等角度,分析造成生态用水不满足、生态水量变化较大的主要原因。对于有两个水文系列生态需水目标,且两种评价结果差异较大的,还应重点分析不同水文系列对应的水资源情势以及水土资源开发利用程度变化的主要原因。从河湖干枯断流萎缩、生态水文过程改变、水生生物栖息地破坏等方面,分析评价河湖水系及其主要控制节点和断面生态用水不满足造成的影响。

7.3.2　河流生态用水满足程度

基本生态环境需水和目标生态环境需水过程满足程度评价方法：利用 2007—2016 年水文系列中全年、汛期和非汛期各评价时段实际径流量超过相应的基本生态环境需水量目标的年份数与水文系列时长总年份数的比值评价满足程度。各站点基本生态需水量见表 7-5。

7.3.2.1　基本生态需水量

内陆河流域基本生态需水量直接采用相关成果。根据《河湖生态环境需水计算规范》相关参数的取值范围，考虑到开发利用程度，黄河流域采用 Tennant 法，汛期（5—10 月）取月多年平均径流量的 20%，非汛期（11 月至次年 4 月）取月多年平均径流量的 10%；汛期基本生态需水量按 5—10 月求和，非汛期基本生态需水量为 11 月至次年 4 月求和，全年值为 1—12 月求和；长江流域采用 Tennant 法，汛期（5—10 月）取月多年平均径流量的 20%，非汛期（11 月至次年 4 月）取月多年平均径流量的 20%；汛期基本生态需水量按 5—10 月求和，非汛期基本生态需水量 11 月至次年 4 月求和，全年值为 1—12 月求和。

利用 2007—2016 年水文系列中全年、汛期和非汛期各评价时段实际径流量超过相应的基本生态环境需水量目标的年份数与水文系列时长总年份数的比值评价满足程度。

根据《石羊河流域重点治理规划》，2010 年平水年份，蔡旗断面下泄水量增加到 2.5 亿 m^3 以上。根据 2007—2016 年蔡旗断面实测径流量，2007 年、2008 年、2009 年和 2013 年实测水量未达到 2.5 亿 m^3，其余年份均达到治理目标，满足程度为 60%。

其余内陆河流域 2 个站点，黄河流域 9 个站点，长江流域 2 个站点，实测径流量均能满足计算结果。

7.3.2.2　目标生态需水量

仅长江流域 2 个站点提出目标生态需水量，满足程度为 100%，实测径流量均能满足计算结果。

通过基本生态需水量满足程度的评价分析，虽然在数据上满足程度较高，但在实际工作中操作难度较大（见表 7-6）。河流来水量受自

表 7-5　各站点基本生态需水量

流域	河流名称	控制站点	1956—2016 年水文系列				1980—2016 年水文系列			
			生态基流	基本生态需水量			生态基流	基本生态需水量		
				汛期	非汛期	全年		汛期	非汛期	全年
内陆河流域	石羊河	蔡旗				29 000				29 000
	黑河	正义峡				95 000				95 000
	疏勒河	双塔堡水库				7 800				7 800
黄河流域	庄浪河	武胜驿	0. 38	2 426	611	3 037	0. 39	2 403	604	3 007
	庄浪河	红崖子	0. 48	2 394	836	3 230	0. 54	2 327	841	3 168
	大夏河	双城	1. 31	11 188	2 051	13 239	1. 22	9 941	1 902	11 843
	大夏河	折桥	1. 56	14 008	2 464	16 472	1. 38	12 100	2 161	14 261
	洮河	岷县	4. 99	73 346	7 801	81 147	4. 57	64 530	7 155	71 685
	洮河	红旗	7. 60	102 651	11 879	114 530	7. 30	90 639	11 443	102 082
	渭河	北道	2. 07	19 792	3 241	23 033	1. 62	15 576	2 532	18 108
	泾河	杨家坪	1. 29	10 268	2 023	12 291	1. 13	8 175	1 768	9 943
	马莲河	雨落坪	0. 63	6 754	984	7 738	0. 60	6 467	939	7 406
长江流域	西汉水	镡家坝	4. 34	19 312	7 802	27 114	3. 70	14 762	6 774	21 536
	永宁河	永宁镇	1. 21	4 757	2 640	7 397	1. 03	4 424	2 342	6 766

表 7-6　各站点基本生态需水量满足程度

%

流域	河流名称	控制站点	1956—2016 年水文系列				1980—2016 年水文系列			
			生态基流	基本生态需水量			生态基流	基本生态需水量		
				汛期	非汛期	全年		汛期	非汛期	全年
内陆河流域	石羊河	蔡旗				60				60
	黑河	正义峡				100				100
	疏勒河	双塔堡水库				100				100
黄河流域	庄浪河	武胜驿	100	100	100	100	100	100	100	100
	庄浪河	红崖子	100	100	100	100	100	100	100	100
	大夏河	双城	100	100	100	100	100	100	100	100
	大夏河	折桥	100	100	100	100	100	100	100	100
	洮河	岷县	100	100	100	100	100	100	100	100
	洮河	红旗	100	100	100	100	100	100	100	100
	渭河	北道	100	100	100	100	100	100	100	100
	泾河	杨家坪	100	100	100	100	100	100	100	100
	马莲河	雨落坪	100	100	100	100	100	100	100	100
长江流域	西汉水	镡家坝	100	100	100	100	100	100	100	100
	永宁河	永宁镇	100	100	100	100	100	100	100	100

然因素影响较大,甘肃省部分河流丰枯季节明显,例如渭河。渭河在甘肃省境内无调蓄工程,并且河流两岸无大型灌区引水,北道站来水量受上游降水影响,在无人工调蓄工程的条件下,保障河道生态基流或基本生态需水量难度较大。因此,在确定站点和基本生态需水量时,需要全面考虑河流各自特征。

第 8 章

结论及建议

8.1 结　论

(1)分析了省内重点河流河道内径流情势变化。

通过对比分析1956—2016年和2001—2016年两个水文系列重点河流主要控制站点径流变化,结果表明:甘肃省黄河和长江流域主要河流控制站点实测和天然径流呈减少趋势,河西内陆河流域黑河、疏勒河径流呈增加趋势,石羊河呈略减少趋势。黄河干流玛曲断面多年平均天然径流量140.88亿m^3,2001—2016年平均天然径流量129.07亿m^3,较多年平均减少8.39%;兰州断面多年平均天然径流量303.28亿m^3,2001—2016年平均天然径流量283.41亿m^3,较多年平均减少6.55%;安宁渡断面多年平均天然径流量300.54亿m^3,2001—2016年平均天然径流量273.40亿m^3,较多年平均减少8.85%。嘉陵江干流谈家庄断面多年平均天然径流量13.05亿m^3,2001—2016年平均天然径流量9.85亿m^3,较多年平均减少24.50%;西汉水镡家坝断面多年平均天然径流量13.03亿m^3,2001—2016年平均天然径流量8.52亿m^3,较多年平均减少34.63%;白龙江碧口断面多年平均天然径流量80.20亿m^3,2001—2016年平均天然径流量66.41亿m^3,较多年平均减少17.19%。内陆河流域石羊河中游控制断面蔡旗多年平均天然径流量2.81亿m^3,2001—2016年平均天然径流量2.12亿m^3,较多年平均减少24.53%;疏勒河昌马堡断面多年平均天然径流量9.91亿m^3,2001—2016年平均天然径流量13.30亿m^3,较多年平均增加25.48%;黑河出山口莺落峡断面多年平均天然径流量16.70亿m^3,2001—2016年平均天然径流量18.82亿m^3,较多年平均增加12.75%。

(2)调查了河道断流(干涸)情况。

根据水文站点实测资料、实地走访调查和查阅相关资料,甘肃省1980—2016年出现过断流河流共9条,其中内陆河流域5条,分别为疏勒河、黑河、石羊河干流、古浪河和西大河;黄河流域4条,分别为庄浪河、渭河、葫芦河和泾河;长江流域无河道断流或干涸情况发生。

(3)调查了重点河流干流生态敏感区。

生态敏感区调查包括国家级、省级主体功能区规划中确定的"禁止开发区"内的河流(河段),全国重要江河湖泊水功能区划中确定的"保护区"和"饮用水源区"涉及的河段;国际和国家重要湿地、省级以上湿地公园、水产种质资源保护区内的河流(河段);已划定岸线功能区中的"岸线保护区"涉及的河段,以及其他具有重要水生态功能,或对维持河势稳定、维护湖泊形态稳定至关重要,应限制或禁止开发利用的河流(河段)等。经调查,甘肃省涉及生态敏感区河流共11条,累计河长3 427.8 km。其中西北诸河区涉及3条河流,累计河长889.5 km;黄河流域涉及7条河流,累计河长1 425.8 km;长江流域涉及1条河流,河长177.0 km。根据生态敏感区类型划分,甘肃省共涉及国家级自然和资源保护区9个,涉河长度694.9 km;国家级森林公园和地质公园6个,涉河长度315.9 km;国家级水产资源保护区4个,涉河长度862 km;国家、省级重要水源保护区7个,涉河长度458.3 km;省级自然保护区3个,涉河长度161.2 km。

(4)分析计算了主要河流岸线开发利用情况。

甘肃省主要河流岸线开发利用情况调查河流(河段)共12条,分别为西北诸河区石羊河、黑河和疏勒河,黄河流域黄河干流、大夏河、洮河、湟水、大通河、渭河、泾河和北洛河(葫芦河),长江流域白龙江。经调查,纳入甘肃省主要河流岸线开发利用情况评价的12条河流左右岸总长度9 456.4 km,其中左岸长度4 721.5 km,右岸长度4 734.9 km。总体开发利用长度657.2 km,其中左岸长度307.8 km,右岸长度349.4 km。总体开发利用率6.95%,其中左岸6.52%,右岸7.38%。

(5)调查了重点河流干流拦水建筑物。

甘肃省河流纵向连通性调查的重点河流共12条,分别为疏勒河、黑河、石羊河、黄河干流(河口镇以上)、大夏河、洮河、湟水、大通河、渭河、泾河、北洛河(葫芦河)和白龙江。调查内容包括水库、闸坝、电站、橡胶坝等。据统计,前述12条重点河流干流共有各类拦水建筑物198座,其中水电站158座,引水枢纽15座,水库12座,橡胶坝8座,闸坝5座。拦水建筑物中水电站数量最多,占总数的79.80%。

(6)调查分析了湖泊水生态现状及演变。

甘肃省纳入调查评价湖泊 7 个，其中，西北诸河区 5 个，分别为苏干湖、小苏干湖、青土湖、干海子、德勒诺儿；黄河流域 1 个，为尕海湖；长江流域 1 个，为天池。经调查评价，尕海湖、青土湖通过人工恢复等措施，湖泊面积逐年增加；干海子于 1998 年前后干涸，2003 年通过渠道输水，恢复水面，由于人工输水路线长，蒸发渗漏损失较大，近年来仍处于干涸状态；苏干湖、小苏干湖、德勒诺儿和天池水面面积变化不大。

(7)调查分析了湿地水生态现状及演变。

甘肃省纳入调查评价湿地 7 个，其中西北诸河区 4 个，分别为祁连山地草甸湿地、敦煌西湖湿地、干海子湿地和盐池湾保护区湿地；黄河区 2 个，分别为黄河首曲沼泽草甸湿地和尕海草甸湿地；长江区 1 个，为小陇山湿地。经调查评价，小陇山湿地面积变化不大，干海子湿地逐渐萎缩，其余湿地面积呈现先减少后增加的趋势。

(8)复核了地下水超采区现状。

甘肃省共划分出地下水超采区 32 个，超采面积 11 259.46 km^2。按严重程度划分，一般超采区 30 个，超采面积 11 259.46 km^2，占总超采面积的 91.19%；严重超采区 2 个，超采面积 991.45 km^2，占总超采区面积的 8.81%。全省 14 个市(州)，除甘南、陇南、临夏、白银、平凉未出现超采区外，其余地下水开发利用区均出现超采区。

(9)计算了重点河流主要控制点的生态水量。

甘肃省纳入生态流量调查评价主要控制站点 14 个，其中黄河流域 9 个，分别为双城、折桥、岷县、红旗、武胜驿、红崖子、北道、杨家坪、雨落坪；长江流域 2 个，分别为镡家坝和永宁镇；内陆河流域 3 个，分别为蔡旗、正义峡和双塔堡水库。黄河流域和长江流域主要站点计算了基本生态需水量，与《甘肃省水资源综合规划》《嘉陵江流域水量分配方案》等规划衔接，主要控制站点基本生态需水量评价结果略小于相关规划。石羊河蔡旗断面下泄水量直接采用国务院批准的《石羊河流域重点治理规划》成果；黑河正义峡断面下泄水量采用《黑河干流水量分配方案》确定的水量；疏勒河双塔堡水库下泄水量采用《敦煌水资源合理利用与生态保护综合规划(2011—2020 年)》成果，不再进行评价。

8.2　建　议

(1)落实最严格水资源管理制度。

把落实最严格水资源管理制度作为水生态文明建设和监管的核心,加快健全和完善覆盖流域和省、市、县三级行政区域的用水总量控制、用水效率控制、水功能区限制纳污控制的“三条红线”。严格用水总量控制,加快确立水资源开发、利用、配置与保护策略,强化用水需求和用水过程管理。严格控制用水总量,加强建设项目水资源论证及取水许可审批管理,切实做到以水定需、量水而行、因水制宜。严格用水效率控制,强化用水定额和用水计划管理,严格限制水资源短缺地区、生态脆弱地区发展高耗水行业。

(2)加强水生态环境监测。

深入开展水生态监管和修复等基础问题研究,加强水生态监测、修复与保护的关键技术或工艺设备的研发推广应用,全面提高水生态文明建设的科技支撑能力和创新水平。加强水肥高效利用,减少面源污染,建设清洁小流域,从以末端治理为主转变为以源头控制为主的综合治污,推广应用生物有机肥,减少流域面源污染,加强截污和清淤等措施,改善河流的水质环境。

(3)实施河湖水系连通工程。

在江河湖库自然水系基础上,通过自然营造力和人为驱动力作用维持、重塑或构建满足一定功能目标的水流连接通道,以维系不同水体之间的水力联系和物质循环。通过河湖连通工程,提升流域供水保障能力和水旱灾害防控能力;维系构建和塑造良好的流域水平衡关系、改善水动力条件,改善流域水环境;维护和修复河湖生态廊道,保持生物多样性,塑造良性生态平衡关系,提高抗干扰和自然修复能力,维护河湖生态功能。

(4)推进水生态系统保护与修复。

以河长制为抓手,切实加强水生态保护与修复;充分考虑基本生态用水需求,维持河流合理流量和湖泊水库及地下水的合理水位,维护河湖健康生态;从源头防治水污染与水质恶化,注重源头防控—中端控制—终端治理措施并重,努力实现工业废水、污水和城乡生活污水的全面处理;加大生态保护力度,综合运用调水引流、截污治污、河湖清淤、生物控制等措施,采取全方位、立体化方式,加强对重要生态保护区、水源涵养区、江河源头区和湿地保护区的保护和修复,打造绿色长廊,涵养水源;推进水土综合治理与生态修复,统筹规划建设沿江沿河绿化带、小流域生态保护区、生态旅游区,构建绿色生态人文环境等。

(5)建立生态补偿机制。

加强生态补偿理论和机制等方面的研究。尽快建立健全资源有偿使用制度和生态补偿制度,形成导向明确、公平合理的激励机制。调整经济发展和生态建设相关各方利益关系,保障生态保护,提高生态建设和保护工作的积极性。建立生态补偿财政转移支付制度,对生态红线内的重要自然保护区、重要湿地、重要水源地和公益林地等因实施生态保护而形成的贡献给予补偿。

参 考 文 献

[1] 钱婵英.常州市生态敏感区保护与利用规划研究[D].南京:东南大学,2016.
[2] 李涛.山东省代表河流水生态评价研究[D].济南:山东大学,2016.
[3] 张兴平,朱建强.水生态、水环境问题及其对策[J].环境科学与管理,2012,37(12):7-12.
[4] 尹文亮,王晓琴.浅析河流岸线资源的利用与保护中功能区的划分[J].科技信息,2011(13):283,287.
[5] 王珺莉.甘肃水域岸线管理保护现状及对策浅析[J].甘肃科技,2018,34(3):5-6.
[6] 杨成有,张世华,牛祖荣,等.甘肃省地表水功能区划 2112—2030 年[M].兰州:甘肃人民出版社,2013.
[7] 马斌,黄银洲,王伟伟,等.1993—2013 年甘肃甘南尕海湖湖面变化及其原因分析[J].西北师范大学学报(自然科学版),2016,52(2):114-120.
[8] 陈栋栋,赵军.我国西北干旱区湖泊变化时空特征[J].遥感技术与应用,2017,32(6):1114-1125.
[9] 甘肃·甘南·尕海-则岔国家级自然保护区[J].开发研究,2018(6):6.
[10] 何涛.干海子候鸟自然保护区生态恢复与治理对策[J].农业科技与信息,2008(4):12-13.
[11] 贾翠霞,邓居礼.庄浪河流域径流变化影响分析[J].中国水利,2010(5):48-50.
[12] 艾子贞.葫芦河流域水环境现状与保护对策[J].环境与发展,2018,30(3):14-15.